Geometrie – Anschauung und Begriffe

Jost-Hinrich Eschenburg

Geometrie – Anschauung und Begriffe

Vorstellen, Verstehen, Weiterdenken.
Eine Einführung für Studierende.

 Springer Spektrum

Jost-Hinrich Eschenburg
Institut für Mathematik
Universität Augsburg
Augsburg, Deutschland

ISBN 978-3-658-28224-0   ISBN 978-3-658-28225-7   (eBook)
https://doi.org/10.1007/978-3-658-28225-7

Die Deutsche Nationalbibliothek verzeichnet diese Publikation in der Deutschen Nationalbibliografie; detaillierte bibliografische Daten sind im Internet über http://dnb.d-nb.de abrufbar.

© Springer Fachmedien Wiesbaden GmbH, ein Teil von Springer Nature 2020

Planung/Lektorat: Kathrin Maurischat

Springer Spektrum ist ein Imprint der eingetragenen Gesellschaft Springer Fachmedien Wiesbaden GmbH und ist ein Teil von Springer Nature.
Die Anschrift der Gesellschaft ist: Abraham-Lincoln-Str. 46, 65189 Wiesbaden, Germany

Inhaltsverzeichnis

Was ist Geometrie?

Zusammenfassung

Dieses einleitende Kapitel hat eher einen philosophischen, genauer einen metamathematischen Charakter: Es wird darin nicht Mathematik betrieben, sondern über Mathematik gesprochen. Wir versuchen herauszuarbeiten, was „die Geometrie" eigentlich ist, angesichts der vielen „Geometrien", von denen in unserem Buch die Rede sein wird, wie wir geometrische Erkenntnisse gewinnen und welchen Anwendungsbereich sie haben. Es geht auch um den zweiten Teil unseres Titels, Anschauung und Begriffe. Wo haben sie jeweils ihren Ort und in welchem Verhältnis stehen sie zueinander? Insbesondere sprechen wir über die Bedeutung der Axiomatik, die seit Beginn des 20. Jahrhunderts den Ausgangspunkt aller mathematischen Überlegungen bildet, und wir begründen, warum wir heute keine Notwendigkeit mehr für eine eigene axiomatische Grundlegung der Geometrie sehen.

Das Wort Geometrie kommt aus dem Griechischen und heißt eigentlich Erd-Vermessung. Geometrische Erkenntnisse gab es in allen Kulturen, aber erst im antiken Griechenland wurde daraus eine Wissenschaft in unserem heutigen Sinn: eine systematische Art der Gewinnung gesicherter Erkenntnis. Im ursprünglichen Sinn ist der Inhalt der Geometrie die Untersuchung räumlicher Formen.[1] Die dabei entwickelten Ideen und sprachlichen Mittel lassen sich aber über den anschaulich-räumlichen Anwendungsbereich hinaus auf andere Problemkreise übertragen; ein bereits aus den Anfängervorlesungen vertrautes Beispiel ist der n-dimensionale Raum. Geometrie im heutigen Wortsinn ist die Betrachtung der Mathematik aus dem Blickwinkel dieses aus der Raumanschauung gewonnenen Ideenkreises.

---

[1] Damit hat sie eine starke Beziehung zur Bildenden Kunst, die wir auch nicht ganz vernachlässigen wollen, siehe z. B. Abschn. 3.1 und 4.7.

© Springer Fachmedien Wiesbaden GmbH, ein Teil von Springer Nature 2020
J.-H. Eschenburg, *Geometrie – Anschauung und Begriffe,*
https://doi.org/10.1007/978-3-658-28225-7_1

Was bedeutet „Anschauung", und welche Rolle spielt sie im Rahmen der Mathematik, speziell der Geometrie? Anschauung betrifft zunächst die in der *Realität* vorhandenen räumlichen Formen und ihre vertrauten oder verborgenen Beziehungen. Die Formen werden der Realität aber nicht einfach entnommen, sondern sie werden *idealisiert,* zu einer *Idee* im Sinne Platons umgeformt. In der Realität gibt es mehr oder weniger kreisförmige Gegenstände; in unserer Vorstellung wird daraus die Idee des (perfekten) Kreises gebildet, und dies geschieht bereits bei Vorschulkindern. Die *Mathematik* schließlich fasst die Idee in Worte; aus dem Kreis wird *die Menge aller Punkte der Ebene, die von einem festen Punkt („Zentrum") einen konstanten Abstand haben („Radius").* Die Beziehung zwischen Idee und mathematischer Formalisierung in Form einer *Definition* sollte perfekt sein, d. h. genau diese Idee in Worte fassen, nicht mehr und nicht weniger:

$$\text{Wirklichkeit} \longrightarrow \text{Idee} \longleftrightarrow \text{Mathematischer Begriff}$$

Die Idee wird damit in einen bestimmten Begriffsrahmen eingebettet und logischer Weiterverarbeitung zugänglich gemacht. Das Beispiel des Kreises zeigt aber auch die Problematik dieses Vorgehens. Aus der jedem Kind vertrauten Idee des Kreises wird ein Satz-Ungetüm, das neue Worte enthält, die selbst wieder erklärt werden müssen: Menge, Punkte, Ebene, Abstand. Außerdem drückt die Definition lange nicht alles aus, was in dem Wort „Kreis" mitgedacht wird, z. B. die gleichmäßige Rundung *(Krümmung).* Es bedarf weiterer Begriffe *(Kurve, zweite Ableitung),* um diesen Aspekt in die mathematische Sprache zu übersetzen. Andererseits können wir ohne die begriffliche Durchdringung nicht zu gesicherten Erkenntnissen gelangen, denn die Anschauung (der „Augenschein") kann trügen.[2]

Daraus ergeben sich sowohl didaktische als auch fachliche Konsequenzen. Soll man z. B. im Schulunterricht das intuitive Erfassen einer Idee in allen ihren Aspekten („der Kreis ist rund") opfern, um nach langer Analyse womöglich zum selben Ergebnis zu gelangen? Dies wäre wahrlich kein Gewinn, denn das intuitive Erkennen ist von großem Wert. Aber es gibt auch Situationen, zu deren Verständnis die Intuition nicht mehr ausreicht und die eine präzise Definition erfordern, zum Beispiel wenn wir die Schnittpunkte zweier Kreise bestimmen wollen; da lässt sich dann der Wert der Formalisierung aufzeigen. Uns Mathematikern ergeht es andererseits genau wie den Schulkindern, sobald wir vor ungelösten Problemen stehen. Das Erkenntnismittel in der Geometrie in einer solchen Situation ist oft nicht der logische Schluss, sondern die *Figur,* die eigentlich (als Zeichnung auf dem Papier, der Tafel oder dem Computerbildschirm) in unserem Schema ganz links in der „Wirklichkeit" angesiedelt ist, aber eine ideale Situation symbolisieren soll. Die Erkenntnis des *Verborgenen* durch seine Rückführung auf das *Offensichtliche* (diese Rückführung nennt

---

[2]„Unsere Natur bringt es so mit sich, daß die Anschauung niemals anders als sinnlich sein kann, d. i. nur die Art enthält, wie wir von Gegenständen affiziert werden. Dagegen ist das Vermögen, den Gegenstand sinnlicher Anschauung zu denken, der Verstand. Keine dieser Eigenschaften ist der anderen vorzuziehen. Ohne Sinnlichkeit würde uns kein Gegenstand gegeben, und ohne Verstand keiner gedacht werden. Gedanken ohne Inhalt sind leer, Anschauungen ohne Begriffe sind blind." (I. *Kant,* 1724–1804, Kritik der reinen Vernunft, A51).

man *Beweis*) geschieht in seinem wesentlichen Teil anhand der Figur, im einfachsten Fall durch Einführung geeigneter Hilfslinien. Als Beispiel für die „Kraft der Figur" betrachten wir die Bestimmung der Winkelsumme im Dreieck durch Einführung der Parallelen,

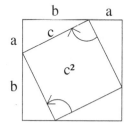

oder den Beweis des Satzes von Pythagoras[3] durch Einführung des schrägen Quadrats:

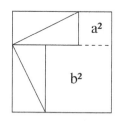

$$c^2 = b^2 + a^2$$

Die Übertragung des Beweises auf die rechte Seite in unserem Schema, die *Formalisierung*, ist danach ein automatisch ablaufender Prozess, der zu Recht oft weggelassen wird, weil er zu langweilig ist.

Aber was soll als das „Offensichtliche" gelten? Wir können uns darüber jeweils einigen. In der Figur zur Winkelsumme des Dreiecks zum Beispiel sollte die Gleichheit der Wechselwinkel an Parallelen „offensichtlich" sein, denn durch eine Drehung der Figur geht der eine in den anderen über. Dies ist eigentlich eine *Symmetriebetrachtung:* Die Winkel sind gleich, weil es eine winkeltreue Abbildung (eine *Symmetrieabbildung*) gibt, die sie verbindet. Solche Argumente haben eine starke intuitive Kraft, weil wir Drehungen, Verschiebungen und Spiegelungen aus der täglichen Erfahrung gut kennen. In der Pythagorasfigur mit dem schrägen Quadrat ist es übrigens nicht ganz offensichtlich, warum der Flächeninhalt einer Figur bei Drehungen unverändert bleibt; wir werden dies im Abschn. 4.1 diskutieren.

Die Mathematiker haben diesen Einigungsprozess ein für alle Mal vorgenommen, indem sie sich auf *Axiome* verständigt haben, mathematische Aussagen, die sie allen weiteren Schlüssen zugrunde legten. Dies geschah zuerst in Euklids „Elementen", die um ca. 300 v. Chr. das damalige geometrische Wissen zusammenfassten. In modernerer Form wurde diese Aufgabe für die Geometrie in den „Grundlagen der Geometrie" [9] von David Hilbert (1899) geleistet. Dieses Buch löste eine ganze Welle von *Axiomatisierungen* aus, die schließlich alle Gebiete der Mathematik erfasste; für die Analysis (Axiome der reellen Zahlen) und die Lineare Algebra (Vektorraum-Axiome) haben Sie das in den Grundvorlesungen gelernt.[4]

---

[3]Pythagoras von Samos, ca. 569 – 500 vor Chr.

[4]Im moderneren Sinn sind Axiome nicht wie bei Euklid grundlegende wahre Aussagen, die unmittelbar einsichtig sind und daher keines Beweises bedürfen, sondern es sind die definierenden Eigen-

Auf dieses Wissen wollen wir uns auch jetzt stützen. Wir wollen also kein eigenes Axiomensystem für die Geometrie aufstellen, auch wenn wir die (extrem einfachen) Axiome der Projektiven Geometrie gelegentlich diskutieren, sondern lieber auf die vertrauten Axiome der Analysis und Linearen Algebra zurückgreifen. Der mathematische Begriffsrahmen, die rechte Seite unseres Schemas, ist bereits fertig gezimmert; wir müssen die Geometrie damit nur in Verbindung bringen. Dazu werden wir zeigen, wie sich geometrische Begriffe und Sachverhalte in die Sprechweise dieser Gebiete übersetzen lassen. Wir möchten damit einerseits die Brücke von der Hochschulmathematik zur Alltags- und Schulgeometrie verstärken, andererseits einen sicheren Rahmen für neue geometrische Erkenntnisse zur Verfügung haben.

Die Begriffe der Geometrie sind von ganz unterschiedlicher Natur; sie bezeichnen sozusagen verschiedene Schichten geometrischen Denkens: Manche Argumente verwenden nur Begriffe wie *Punkt, Gerade* und *Inzidenz* (die Aussage, dass ein bestimmter Punkt auf einer gegebenen Geraden liegt), andere verwenden *Abstands-* oder *Symmetrie*-Überlegungen. Jedes dieser Begriffsfelder bestimmt ein eigenes Teilgebiet der Geometrie:

- Inzidenz: Projektive Geometrie
- Parallelität: Affine Geometrie
- Winkel: Konforme Geometrie
- Abstand: Metrische Geometrie
- Krümmung: Differentialgeometrie
- Winkelabstand: Sphärische und Hyperbolische Geometrie
- Symmetrie: Abbildungsgeometrie

Die Begriffsfelder durchdringen sich gegenseitig: Geradenstücke *(Strecken)* minimieren den Abstand zwischen ihren Endpunkten und haben Krümmung null, Parallelen haben konstanten Abstand, die Abstände bestimmen auch die Winkel usw. Das letzte Begriffsfeld „Symmetrie" durchzieht alle anderen; *Felix Klein* hat in seinem „Erlanger Programm" von 1872 das Augenmerk auf die Beziehungen zwischen Geometrie und Symmetriegruppen gelenkt.[5] Diese Liste der Teilgebiete der Geometrie ist nicht vollständig, wenn man höhere Dimensionszahlen zulässt; erst *J. Tits*[6] hat um 1960 (nach Vorarbeiten von *W. Killing, S. Lie, E. Cartan, H. Weyl* u. a.) die vollständige Liste gefunden.[7]

---

schaften eines Begriffes oder eines Gebietes der Mathematik: Ein Vektorraum zum Beispiel ist eine Struktur, die die Vektorraum-Axiome erfüllt.

[5] Felix Klein, 1849 (Düsseldorf) – 1925 (Göttingen). http://www.deutschestextarchiv.de/book/view/klein_geometrische_1872.

[6] Jaques Tits, geb. 1930 in Uccle (Ukkel) bei Brüssel.

[7] cf. J. Tits: *Buildings of spherical type and finite BN-pairs,* Springer Lecture Notes in Math. 386 (1974).

Auf jeder Stufe werden wir mit der linken Seite unseres Schemas beginnen, mit der Anschauung, und wir werden dabei alles benutzen, was wir (woher auch immer) aus der anschaulichen Geometrie wissen. Dies wird uns zu einer Einbettung des Sachverhalts in unser mathematisches Modell führen. Erst in diesem Rahmen geben wir mathematisch exakte Definitionen und Beweise. Wir beginnen dabei mit der Affinen Geometrie, da sie Ihnen vertrauter ist als die Projektive Geometrie.

Als wichtigste Literatur nenne ich Ihnen zwei Bücher: Zunächst das wunderschöne Buch von D. Hilbert und S. Cohn-Vossen: „Anschauliche Geometrie" [2], das zuerst 1932 veröffentlicht wurde; ein Mathematikbuch fast ohne Formeln, aber mit umso mehr Bildern. Wesentlich umfassender ist „Geometry" von Marcel Berger [1]; charakteristisch für dieses Buch ist, dass die geometrischen Argumente oft nur angedeutet werden; Sie müssen darüber nachdenken, um sie auszuführen, sehen dann aber, dass alle wesentlichen Informationen dafür gegeben worden sind.

Das Buch ist aus einer mehrfach überarbeiteten einsemestrigen Vorlesung an der Universität Augsburg entstanden. Es ist mir eine Freude, Dr. Erich Dorner ganz besonders zu danken, der das Manuskript mit großer Geduld immer wieder gelesen und mich auf zahllose Fehler aufmerksam gemacht hat.

Parallelität: Affine Geometrie

Zusammenfassung

Gerade und Inzidenz sind die einfachsten geometrischen Begriffe. In unserem Anfangskapitel werden wir aber noch den Begriff der Parallelität hinzunehmen, der später als ein Spezialfall der Inzidenz erkannt wird. Damit gelangen wir in die Affine Geometrie, die unserer Anschauung sehr nahe ist. Noch wichtiger: Aus ihr lässt sich die Lineare Algebra anschaulich begründen, denn die anschauliche Vektoraddition hat mit Parallelogrammen zu tun, die Skalarmultiplikation mit zentrischen Streckungen und Strahlensätzen. Damit können wir im zweiten Schritt die Affine Geometrie in die Lineare Algebra einbetten und geometrische Sachverhalte algebraisch ausdrücken. Das betrifft besonders die Symmetriegruppe, die Gruppe aller Transformationen, die Geraden und Parallelen erhalten: Wir können sie algebraisch kennzeichnen. Der algebraische Standpunkt gestattet es uns, ohne zusätzliche Mühe in zweierlei Hinsicht über die Anschauung hinauszugehen und damit die Geometrie auch auf nicht-anschauliche Sachverhalte anwenden zu können: Die Dimensionszahl darf beliebig sein, auch größer als zwei oder drei, und die reellen Zahlen, die das eindimensionale Kontinuum beschreiben, können durch einen beliebigen Körper ersetzt werden.

2.1 Von der Affinen Geometrie zur Linearen Algebra

Die *Affine Geometrie* destilliert aus der uns bekannten anschaulichen Geometrie der Ebene oder des Raums (die wir beide mit X bezeichnen wollen) genau die Vektorraum-Struktur heraus. Ihre Grundbegriffe sind Punkt, Gerade, Inzidenz und Parallelität. Wie in der Einleitung angekündigt, werden wir in diesem Abschnitt noch nicht Mathematik im heutigen Verständnis betreiben, deren Ausgangspunkt die Axiome sind; wir wollen ja diese erst aus der geometrischen Anschauung entwickeln. Erst ab dem nächsten Abschnitt bewegen wir uns im fest gefügten Begriffsrahmen der Linearen Algebra.

© Springer Fachmedien Wiesbaden GmbH, ein Teil von Springer Nature 2020
J.-H. Eschenburg, *Geometrie – Anschauung und Begriffe*,
https://doi.org/10.1007/978-3-658-28225-7_2

Die Grundidee für die Entwicklung der Linearen Algebra aus der Anschauung ist die Parallelogramm-Konstruktion: Wir zeichnen einen Punkt $o \in X$ willkürlich aus und nennen ihn *Ursprung*. Sind nun zwei andere Punkte $x, y \in X$ gegeben, so dass o, x, y nicht auf einer gemeinsamen Geraden liegen (nicht *kollinear* sind), so bezeichnen wir den vierten Eckpunkt des von o, x, y erzeugten Parallelogramms als $x + y$.

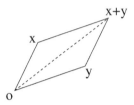

Offensichtlich ist diese Operation kommutativ, $x + y = y + x$, und auch assoziativ, $(x + y) + z = x + (y + z)$, wie die folgende Figur zeigt:

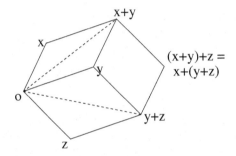

Man kann die Konstruktion auch anders beschreiben: Der Punkt $x + y$ ist der Endpunkt der Strecke, die durch Parallelverschiebung der Strecke ox in den neuen Anfangspunkt y entsteht (oder umgekehrt durch Verschieben von oy in den neuen Anfangspunkt x). Diese Beschreibung hat den Vorteil, dass sie auch noch auf *kollineare* (auf einer gemeinsamen Geraden liegenden) Punkte o, x, y anwendbar ist; sie entspricht der geometrischen Addition von Werten auf einer Skala, also der Addition von Zahlen.

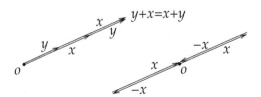

Insbesondere finden wir einen Punkt, der auf der Geraden ox auf der anderen Seite von o in gleichem Abstand wie x liegt und den wir $-x$ nennen, denn es gilt $x + (-x) = o$ (rechte Figur). Damit wird $(X, +)$ zu einer *abelschen Gruppe*, wobei der Punkt o die Rolle des Neutralelements 0 spielt: $x + o = x = o + x$. Die gerichtete Strecke $\vec{ox}$ nennen wir *Vektor* und die eben beschriebene Operation die *Vektoraddition*.

Um aus X einen *Vektorraum* über dem Körper $\mathbb{R}$ der reellen Zahlen zu machen, müssen wir zusätzlich die Multiplikation mit *Skalaren,* also mit reellen Zahlen, anschaulich-geometrisch definieren; sie werden in der Geometrie *zentrische Streckungen* genannt. Aus der Addition erhalten wir bereits die Multiplikation mit ganzen Zahlen: $2x = x + x$, $3x = x + x + x$, $(-2)x = (-x) + (-x)$. Die Multiplikation mit rationalen Zahlen (Brüchen) entsteht durch die Umkehrung: $y = \frac{1}{3}x$ ist der Punkt auf der Geraden ox mit $3y = x$, analog $\frac{1}{n}x$ für beliebige $n \in \mathbb{N}$, und $\frac{m}{n}x = m(\frac{1}{n}x)$ für alle $m \in \mathbb{Z}$. Die Multiplikation mit beliebigem $\lambda \in \mathbb{R}$ geschieht durch Approximation von λ durch Brüche.

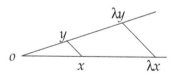

Die Gerade ox wird damit zu einem isomorphen Bild der Zahlengeraden $\mathbb{R}$. Damit gelten die Vektorraum-Axiome (ii) und (iv) (siehe Fußnote 1). Zwei Streckungen mit Faktoren λ und μ kombinieren sich zu einer gemeinsamen Streckung mit dem Faktor $\lambda\mu$, deshalb gilt das Vektorraum-Axiom (iii), $\lambda(\mu x) = (\lambda\mu)x$.

Jede Streckung ist bereits durch ihre Wirkung auf einen einzigen Punkt $x \neq o$ bestimmt; ihre Konstruktion ist durch den „Strahlensatz" der Schulgeometrie gegeben, der das Phänomen der Vergrößerung an Strahlen durch einen gemeinsamen Punkt beschreibt:

Werden Strahlen von Parallelen geschnitten, so verhalten sich die Abschnitte auf den Strahlen wie die Abschnitte der Parallelen.

Insbesondere ist der Streckungsfaktor auf allen Strahlen der gleiche, und wir erhalten damit eine geometrische Konstruktion der zentrischen Streckung:

Wenn der Streckungsfaktor λ auf der Geraden ox gegeben ist, so ist λy der Schnitt der Geraden oy mit der Parallelen zur Geraden xy durch den Punkt λx. So erhält man auch das noch fehlende Vektorraum-Axiom (i) (siehe Fußnote 1), das Distributivgesetz $\lambda(x + y) = \lambda x + \lambda y$ für $\lambda > 0$, mit Hilfe der folgenden Figur:

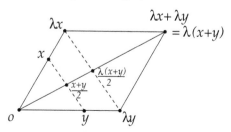

Die Konstruktion der Vektorraum-Struktur aus der anschaulichen Geometrie beruht auf zwei Sorten von Abbildungen von X: den *Translationen* oder *Parallelverschiebungen* einerseits und den zentrischen Streckungen andererseits. Beide sind *Kollineationen*, d. h. sie überführen Geraden in Geraden. Zusätzlich sind sie *richtungstreu*, d. h. jede Gerade geht in eine zu ihr parallele Gerade über. In unserem algebraischen Formalismus sind es die Abbildungen

$$T_v \; : \; X \to X, \;\; x \mapsto v + x, \tag{2.1}$$

$$S_\lambda \; : \; X \to X, \;\; x \mapsto \lambda x \tag{2.2}$$

zu gegebenem $v \in X$ und $\lambda \in \mathbb{R}$. Von der Geometrie herkommend kann man sagen, dass der zu X gehörige Vektorraum durch die Menge der Translationen T_v gebildet wird. Die Addition ist die Komposition von Translationen, denn

$$T_v \circ T_w = T_{v+w}, \tag{2.3}$$

wie die Parallelogramm-Konstruktion zeigt. Die Multiplikation mit dem Skalar λ entspricht (unter der Abbildung $v \mapsto T_v$) der Konjugation der Translation T_v mit einer zentrischen Streckung S_λ,

$$T_{\lambda v} = S_\lambda \circ T_v \circ S_\lambda^{-1}, \tag{2.4}$$

denn $S_\lambda(T_v(S_\lambda^{-1}x)) = \lambda(\lambda^{-1}x + v) = x + \lambda v = T_{\lambda v}x$. Die Verkettung zentrischer Streckungen entspricht der Multiplikation der Streckungsfaktoren:

$$S_\lambda \circ S_\mu = S_{\lambda\mu}. \tag{2.5}$$

2.2 Definition des affinen Raums

Wir haben aus der Affinen Geometrie (der Geometrie von Geraden und Parallelen) die Lineare Algebra rekonstruiert; Affine Geometrie spielt sich demnach in einem Vektorraum ab. Allerdings war unsere Auszeichnung des Punktes o sehr willkürlich; wir hätten ebenso gut jeden anderen Punkt von X als Ursprung wählen können. Wir definieren daher (zunächst noch etwas unpräzise) einen *affinen Raum* als einen Vektorraum X „ohne Auszeichnung des Ursprungs 0" (was immer das genau heißt). Dabei gehen wir in zweifacher Hinsicht über die Anschauung hinaus:

- Die Dimension n von X kann beliebig sein, nicht nur 2 oder 3,

- X kann ein Vektorraum über einem *beliebigen Körper* $\mathbb{K}$ sein,[1] nicht nur über $\mathbb{R}$. Wir denken etwa an $\mathbb{K} = \mathbb{C}$ oder $\mathbb{K} = \mathbb{C}(z)$ (der Körper der rationalen Funktionen in einer komplexen Variablen z) oder $\mathbb{K} = \mathbb{F}_p$ (der Körper mit p Elementen für eine Primzahl p) oder seine algebraischen Erweiterungen $\mathbb{K} = \mathbb{F}_{p^n}$.[2] Wir können für $\mathbb{K}$ oft sogar einen *Schiefkörper* wählen, bei dem die Multiplikation nicht mehr kommutativ ist; vgl. Übungsaufgabe 4. Ein Beispiel sind die *Quaternionen,* auf die wir noch verschiedentlich zurückkommen; vgl. Übung 34.

Hier kommt also die in der Einleitung erwähnte allgemeinere Bestimmung von *Geometrie* zum Tragen: Wir benutzen die in der Ebene und dem Raum der Anschauung entwickelten Vorstellungen zum Verstehen von nicht mehr anschaulichen Zusammenhängen wie der Struktur von $\mathbb{K}^n$.

Die fehlende Auszeichnung des Nullpunktes kommt in der Definition der *affinen Unterräume* zum Ausdruck, denn das sind Teilmengen, die diesen Punkt meist gar nicht enthalten: Ein k-dimensionaler *affiner Unterraum* von X ist eine Teilmenge von der Form $U + x = \{u + x;\ u \in U\}$, wobei $U \subset X$ ein k-dimensionaler *Untervektorraum (linearer Unterraum)* von X ist,[3] und zwei affine Unterräume der Form $U + x$ und $U + y$ zum selben Untervektorraum U heißen *parallel.* Durch jeden Punkt $x \in X$ geht genau einer der zu U parallelen affinen Unterräume, nämlich $U + x$, und $U + x$ geht durch 0 genau dann, wenn $x \in U$, wenn also $U + x = U$.

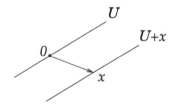

---

[2]Wir müssen allerdings an verschiedenen Stellen eine Einschränkung machen: Es muss $1 + 1 \neq 0$ in $\mathbb{K}$ gelten, sonst können wir nicht durch 2 teilen. Das ist verletzt in $\mathbb{F}_2$ und allen seinen Körpererweiterungen. Die kleinste Zahl p, für die die p-fache Summe von 1 gleich null ist, nennt man die *Charakteristik* des Körpers $\mathbb{K}$. Die Körper der Charakteristik 2 spielen öfter eine Sonderrolle und müssen in der allgemeinen Argumentation ausgeschlossen werden.
[3]$0 \in U,\ u + u' \in U,\ \lambda u \in U$ für alle $u, u' \in U$ und $\lambda \in \mathbb{K}$.

Affine Unterräume der Dimensionen $k = 0, 1, 2, n - 1$ (falls dim $X = n$) heißen *Punkte,
Geraden, Ebenen,* und *Hyperebenen.* Damit haben wir die Grundbegriffe der Affinen Geometrie (Punkte, Geraden usw., Parallelität) durch solche der Linearen Algebra ausgedrückt.

Die Definition des affinen Raumes hat allerdings noch einen Schönheitsfehler: Was soll
„ohne Auszeichnung des Nullpunktes" heißen? Und noch schlimmer: Ein affiner Unterraum
sollte ja insbesondere selbst ein affiner Raum sein, aber er ist gewöhnlich gar kein Vektorraum, denn er enthält den Nullpunkt nicht, und wie soll man einen Punkt „nicht auszeichnen", der gar nicht darin liegt? Die „richtige" Definition vermeidet diese Schwierigkeiten;
sie lautet:

Definition: Ein *affiner Raum* ist eine Menge X, auf der eine *Vektorgruppe V einfach transitiv*
operiert.

Wie immer müssen wir größere Genauigkeit mit der Einführung von neuer Terminologie
bezahlen: Eine *Vektorgruppe* ist die zu einem Vektorraum V gehörige kommutative Gruppe
$(V, +)$, geometrisch gesehen die Translationsgruppe auf V, siehe (2.3). Eine Gruppe $(V, +)$
operiert auf einer Menge X, wenn es eine Abbildung $w : V \times X \to X$ gibt (genannt *Wirkung*
oder *Operation von V auf X*) mit den beiden Eigenschaften

$$w(0, x) = x, \quad w(a + b, x) = w(a, w(b, x)) \tag{2.6}$$

für alle $a, b \in V$ und $x \in X$. Insbesondere gilt $w(a, w(-a, x)) = w(0, x) = x$, und daher
ist für jedes $a \in V$ die Abbildung

$$w_a : X \to X, \quad x \mapsto w(a, x)$$

bijektiv mit Umkehrabbildung w_{-a}. Wir können die Wirkung w deshalb auch als eine
Abbildung $w : V \to B(X), a \mapsto w_a$ in die Gruppe $B(X)$ der bijektiven Abbildungen auf
X (mit der Komposition als Gruppenverknüpfung) auffassen, und die Gl. (2.6) sagt genau,
dass w ein *Homomorphismus von Gruppen* ist:

$$w_0 = \mathrm{id}_X, \quad w_a w_b = w_{a+b} \tag{2.7}$$

für alle $a, b \in V$. Eine Gruppenwirkung w von V auf X heißt *transitiv,* wenn je zwei Punkte
$x, y \in X$ durch eine der Abbildungen w_a aufeinander abgebildet werden, und sie heißt
einfach transitiv, wenn dies nur durch eine einzige solche Abbildung geschieht, d. h. wenn
die Abbildung

$$w^x : V \to X, \quad v \mapsto w(v, x)$$

bijektiv ist für jedes $x \in X$. Wenn wir ein Element $o \in X$ auswählen, können wir demnach
X und V mit Hilfe der bijektiven Abbildung w^o identifizieren, wobei $0 \in V$ auf $o \in X$
abgebildet wird.

Ein Vektorraum V ist in diesem Sinn auch ein affiner Raum, denn $(V, +)$ operiert auf $X = V$ einfach transitiv durch $w(a, x) = a + x$. In diesem Fall ist w_a also die Translation T_a; wir werden diese spezielle Wirkung daher lieber T statt w nennen. Sie ist in der Tat einfach transitiv, denn je zwei Punkte x, y lassen sich ja durch genau einen Vektor a verbinden, nämlich $a = y - x$ (also $y = x + a$ oder $y = T_a x$). Auch jeder affine Unterraum $U + x \subset V$ ist nach der neuen Definition ein affiner Raum, denn die Vektorgruppe $(U, +)$ operiert darauf einfach transitiv durch

$$U \times (U + x) \ni (u, u' + x) \mapsto u + u' + x \in U + x.$$

Die Untergruppe $(U, +) \subset (V, +)$ operiert ja auf ganz V, nämlich durch die Einschränkung $T|_U$ der Wirkung $T : V \to B(V)$, und die Teilmengen $U + x$ sind unter $T|_U$ *invariant*, d. h. die Elemente von $x + U$ werden durch die Abbildungen $T_u, u \in U$ wieder nach $x + U$ abgebildet. Die Wirkung $T|_U$ auf ganz V ist allerdings nicht mehr transitiv, deshalb zerfällt V in eine disjunkte Vereinigung von *Transitivitätsbereichen* oder *Bahnen* von U, nämlich die parallelen affinen Unterräume $U + x, x \in V$ (vgl. Übung 2).

Wir werden im Folgenden immer voraussetzen, dass unser affiner Raum X ein Vektorraum ist, d. h. dass wir einen Ursprung $o \in X$ gewählt haben. Wir werden uns aber bei jeder Aussage der Affinen Geometrie klarmachen, dass sie unabhängig von der Wahl von o ist, also erhalten bleibt, wenn wir eine Translation anwenden. Die Translationen sind wiederum nur ein Spezialfall der parallelentreuen Abbildungen, die wir im folgenden Abschnitt untersuchen wollen.

2.3 Parallelentreue und semi-affine Abbildungen

Wir betrachten weiterhin einen Vektorraum X, den wir als affinen Raum auffassen; der Körper $\mathbb{K}$ möge beliebig sein. Geraden und Parallelen sind die Grundbegriffe der Affinen Geometrie; deshalb sind die Automorphismen oder Symmetrien der Affinen Geometrie genau die umkehrbaren Abbildungen $F : X \to X$, die Geraden und Parallelen erhalten, also Geraden bijektiv auf Geraden und Parallelen auf Parallelen abbilden (*parallelentreue Abbildungen*).[4] Wir wollen diese geometrische Beschreibung in eine algebraische umformen. Dazu betrachten wir zunächst nur solche parallelentreuen Abbildungen F, die zusätzlich den Ursprung festlassen: $F(o) = o$. Ein von zwei beliebigen Vektoren x, y aufgespanntes Parallelogramm wird dann in das von $F(x)$ und $F(y)$ aufgespannte überführt, also ist

---

[4]Wir müssen im Folgenden dim $X \geq 2$ voraussetzen. In Dimension 1 gibt es keine Parallelen, und der Begriff „parallelentreu" ergibt keinen Sinn. Allerdings haben wir auch in Dimension 1 noch den Begriff der Parallelverschiebung und damit die Streckenaddition; diese muss von einer affinen Abbildung F respektiert werden, siehe Abschn. 2.5. Wir sehen hier ein allgemeines Prinzip der Geometrie, das uns immer wieder begegnen wird: In niedrigen Dimensionen werden manche Schlüsse schwieriger als bei höherer Dimensionszahl; die Geometrie kann ihre Eigenschaften erst entfalten, wenn genügend Raum zur Verfügung steht.

$F(x) + F(y)$ das F-Bild von $x + y$ und F ist damit *additiv:* $F(x + y) = F(x) + F(y)$ für alle $x, y \in X$.

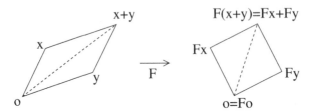

Sind x, y linear abhängig, so müssen wir wieder auf eine Darstellung $y = u + v$ für linear unabhängige u, v zurückgreifen.

Ist F vielleicht sogar *linear,* d. h. gilt auch $F(\lambda x) = \lambda F(x)$ für alle $\lambda \in \mathbb{K}$? Für jedes $x \neq 0$ wird jedenfalls die Gerade $ox = \mathbb{K}x$ bijektiv auf die Gerade $F(o)F(x) = oF(x) = \mathbb{K}F(x)$ abgebildet. Also gibt es für jedes $\lambda \in \mathbb{K}$ ein $\overline{\lambda} \in \mathbb{K}$ mit

$$F(\lambda x) = \overline{\lambda} F(x). \tag{2.8}$$

Betrachten wir einen zweiten, von x linear unabhängigen Vektor y, so ist λy der Schnittpunkt der Geraden oy mit der Parallelen zu xy durch den Punkt λx. Wegen der Parallelentreue von F ist der Bildpunkt $F(\lambda y)$ ganz ähnlich gekennzeichnet, nämlich als der Schnitt der Geraden $oF(y)$ mit der Parallelen zu $F(x)F(y)$ durch den Punkt $\overline{\lambda}F(x)$. Gemäß der geometrischen Kennzeichnung zentrischer Streckungen ist dies der Punkt $\overline{\lambda}F(y)$, also erhalten wir für alle $y \in X$:

$$F(\lambda y) = \overline{\lambda} F(y). \tag{2.9}$$

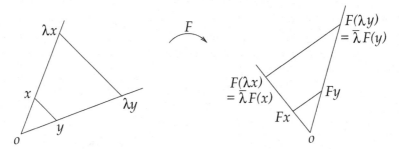

Der Skalar $\overline{\lambda}$ in (2.8) hängt also nur von λ ab, nicht von x, d. h. $\lambda \mapsto \overline{\lambda}$ definiert eine bijektive Abbildung $\mathbb{K} \to \mathbb{K}$.

Wir wollen zeigen, dass diese Abbildung ein *Körperautomorphismus* ist, d. h.

$$\overline{\lambda + \mu} = \overline{\lambda} + \overline{\mu}, \tag{2.10}$$

$$\overline{\lambda \cdot \mu} = \overline{\lambda} \cdot \overline{\mu}. \tag{2.11}$$

Die Gl. (2.10) folgt mit der Additivität von F:

$$(\overline{\lambda + \mu})F(x) = F((\lambda + \mu)x) = F(\lambda x + \mu x) = F(\lambda x) + F(\mu x) = (\overline{\lambda} + \overline{\mu})F(x).$$

Die Gl. (2.11) folgt, weil wir auch die Multiplikation $(\lambda, \mu) \mapsto \lambda\mu$ geometrisch beschreiben können: Gegeben seien Punkte x, μx auf der Geraden ox sowie y und λy auf einer anderen Geraden oy, dann ist $\lambda(\mu x)$ der Schnitt der Geraden ox mit der Parallelen zur Geraden $\mu x \vee y$ (der Verbindungsgeraden der Punkte μx und y) durch den Punkt λy. Da F diese Figur in eine ganz entsprechende mit $\overline{\lambda}$, $\overline{\mu}$ anstelle von λ, μ überführt, folgt

$$(\overline{\lambda \cdot \mu})F(x) = F((\lambda \cdot \mu)x) = (\overline{\lambda} \cdot \overline{\mu})F(x)$$

und damit Gl. (2.11).

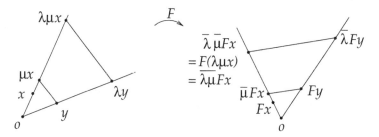

Solche Abbildungen F nennt man semilinear: Sind X, Y zwei Vektorräume über einem Körper $\mathbb{K}$, so heißt eine Abbildung $F : X \to Y$ *semilinear*, wenn es einen Körperautomorphismus $\lambda \mapsto \overline{\lambda}$ auf $\mathbb{K}$ gibt mit

$$F(x + y) = F(x) + F(y), \quad F(\lambda x) = \overline{\lambda}F(x). \tag{2.12}$$

Jede lineare Abbildung ist insbesondere semilinear, denn die identische Abbildung $\overline{\lambda} = \lambda$ ist natürlich auch ein Körperautomorphismus auf $\mathbb{K}$. Wenn man F noch um eine additive Konstante erweitert, kommt man von den semilinearen zu den semi-affinen Abbildungen: $F : X \to Y$ heißt *semi-affin*, wenn es eine semilineare Abbildung $F_o : X \to Y$ und eine Translation $T_a, a \in Y$ gibt mit $F = T_a F_o$, d.h.

$$F(x) = F_o(x) + a \tag{2.13}$$

für alle $x \in X$. Der folgende Satz ist schon fast bewiesen:

Satz 2.1 *Für eine umkehrbare Abbildung $F : X \to X$ gilt: F ist parallelentreu genau dann, wenn F semi-affin ist.*

Beweis Eine semilineare Abbildung F ist parallelentreu: Ist $L = \mathbb{K}x \subset X$ ein eindimensionaler Unterraum, so ist $F(\lambda x) = \overline{\lambda}F(x) \in \mathbb{K}F(x)$, also ist $F(L) = F(\mathbb{K}x) = \mathbb{K}F(x) =: L'$ wieder ein eindimensionaler Unterraum, und jede zu L parallele Gerade $L + y$ wird auf die zu L' parallele Gerade $F(L + y) = F(L) + F(y) = L' + F(y)$ abgebildet. Eine

Translation ist ebenfalls parallelentreu, also sind semi-affine Abbildungen (die Kompositionen von semi-affinen Abbildungen mit Translationen) parallelentreu.

Umgekehrt haben wir bereits gesehen, dass eine parallelentreue Abbildung F_o mit $F_o(o) = o$ semilinear ist. Ist jetzt F eine beliebige parallelentreue Abbildung mit $F(o) = a$, so bildet $F_o = T_{-a}F$ den Punkt o wieder auf o ab, denn $F_o(o) = F(o) - a = a - a = o$. Also ist F_o semilinear und $F = T_a F_o$ semi-affin. $\qquad\qquad\qquad\qquad\qquad\square$

Bemerkung Im Fall $\mathbb{K} = \mathbb{R}$ hat Satz 2.1 auch eine lokale Version. Es genügt, wenn die parallelentreue Abbildung F auf einer offenen Teilmenge $U_1 \subset X = \mathbb{R}^n$ definiert ist und diese umkehrbar stetig auf eine offene Teilmenge $U_2 \subset X$ abbildet, wobei Geradenstücke in U_1 auf Geradenstücke in U_2 abgebildet werden und Parallelität erhalten bleibt. Der Beweis bleibt der gleiche: Durch Vor- und Nachschalten einer Translation kann man annehmen, dass $0 \in U_1 \cap U_2$ und $F(0) = 0$. Die Figuren, mit denen wir gezeigt haben, dass F semilinear ist, passen in die offenen Umgebungen U_1, U_2 von 0.

Welche semilinearen Abbildungen gibt es, die nicht bereits linear sind? Dazu müssen wir nur die Automorphismen eines Körpers $\mathbb{K}$ kennen. Jeder Automorphismus von $\mathbb{K}$ erhält die ausgezeichneten Elemente 0 und 1 und damit auch alle Summen $1 + 1 + \ldots + 1$ und ihre additiven und multiplikativen Inversen. Deshalb haben die Körper $\mathbb{K} = \mathbb{Q}$ und $\mathbb{K} = \mathbb{F}_p$ keine Automorphismen außer der Identität. Der Körper $\mathbb{R}$ hat viele Automorphismen, die aber alle rationalen Zahlen fest lassen müssen. Wenn wir daher zusätzlich annehmen, dass der Automorphismus *stetig* ist, also mit Grenzwerten vertauscht, dann gibt es wieder nur die Identität, weil $\mathbb{Q} \subset \mathbb{R}$ *dicht* liegt, d. h. jede reelle Zahl Grenzwert von rationalen Zahlen ist. Diese Annahme der Stetigkeit werden wir stillschweigend immer treffen, also sind die Begriffe „semi-affin" und „affin" für $\mathbb{K} = \mathbb{R}$ identisch. Für $\mathbb{K} = \mathbb{C}$ kennen wir bereits einen nichttrivialen Automorphismus, die Konjugation, und es gibt auch keine weiteren stetigen Automorphismen, da ein solcher jede reelle Zahl festhält und i auf eine Zahl $j \in \mathbb{C}$ mit $j^2 = -1$ abbildet, also auf $j = \pm i$.[5]

2.4   Parallelprojektionen

Wir wollen ein ähnliches Ergebnis wie im vorigen Abschnitt auch für Abbildungen zwischen *verschiedenen* Vektorräumen X, Y herleiten, die unterschiedliche Dimension haben dürfen. Die vielfach in Zeichnungen räumlicher Gegenstände auftretenden *Parallelprojektionen* gehören hierher. Dazu müssen wir zunächst den Begriff „parallelentreu" etwas abändern, denn wenn F nicht invertierbar ist, darf eine Gerade auch auf einen Punkt abgebildet werden. Wir wollen daher eine Abbildung $F : X \to Y$ *parallelentreu* nennen, wenn F jede Gerade entweder bijektiv auf eine Gerade oder auf einen Punkt abbildet und dabei zwei

---

[5]Der Quaternionen-Schiefkörper $\mathbb{K} = \mathbb{H}$ besitzt eine sehr große Gruppe von Automorphismen, nämlich alle Abbildungen $\lambda \mapsto \mu\lambda\mu^{-1}$ für festes $\mu \neq 0$.

parallele Geraden in X auf zwei (nicht notwendig verschiedene) parallele Geraden oder zwei Punkte in Y gehen. Zunächst benötigen wir eine geometrische Kennzeichnung von Unterräumen:

Lemma 2.2 *Es sei X ein Vektorraum über einem Körper $\mathbb{K}$ mit $1 + 1 \neq 0$ (char$(\mathbb{K}) \neq 2$). Eine nichtleere Teilmenge $U \subset X$ ist ein affiner Unterraum genau dann, wenn für alle $u, v \in U$ die Gerade uv ganz in U enthalten ist.*

Beweis Ist $U \subset X$ ein affiner Unterraum, also $U = U_o + x$ für einen linearen Unterraum U_o, und sind u, v verschiedene Punkte in U, so ist $u = x + u_o$ und $v = x + v_o$ für $u_o, v_o \in U_o$, und die Gerade $uv = x + \mathbb{K}(u_o - v_o)$ liegt ganz in U. Beim Beweis der Umkehrung dürfen wir $o \in U$ voraussetzen; nötigenfalls müssten wir U verschieben. Mit jedem $u \in U$ ist dann die Gerade $ou = \mathbb{K}u \subset U$, also $\lambda u \in U$ für alle $\lambda \in \mathbb{K}$. Für zwei verschiedene Punkte $u, v \in U$ liegt (nach Voraussetzung) auch die Gerade uv ganz in U. Diese besteht aus den Punkten der Form

$$v + \lambda(u - v) = \lambda u + (1 - \lambda)v, \ \lambda \in \mathbb{K},$$

und insbesondere ist $\frac{1}{2}(u + v) \in uv \subset U$ und damit $u + v = 2 \cdot \frac{1}{2}(u + v) \in U$. Also ist U ein linearer Unterraum. $\qquad\square$

Für $\mathbb{K} = \mathbb{F}_2 = \{0, 1\}$ ist diese Kennzeichnung falsch: Die Punktmenge $\bar{U} = \{(0, 0), (1, 0),$ $(0, 1)\} \subset \mathbb{K}^2$ erfüllt das Kriterium, ist aber kein Unterraum, da $(1, 0) + (0, 1) = (1, 1) \notin \bar{U}$.

Satz 2.3 *Für Vektorräume X, Y über einem Körper $\mathbb{K}$ mit char$(\mathbb{K}) \neq 2$ gilt: $F : X \to Y$ ist parallelentreu genau dann, wenn F semi-affin ist.*[6]

Beweis Ist F semi-affin, also $F(x) = S(x) + a$ für eine semilineare Abbildung S, dann bildet S jeden eindimensionalen Unterraum L_o entweder auf den Nullraum oder einen eindimensionalen Unterraum $L'_o \subset Y$ ab. Also wirft F zwei parallele Geraden $L_o + x$ und $L_o + x'$ auf die Punkte $F(x)$ und $F(x')$ oder auf die parallelen Geraden $L'_o + F(x)$ und $L'_o + F(x')$ und ist damit parallelentreu.

Umgekehrt sei F parallelentreu. Nach unserem Lemma ist Bild $F \subset Y$ ein affiner Unterraum, denn mit zwei verschiedenen Punkten $y_1 = F(x_1)$ und $y_2 = F(x_2)$ ist auch die Gerade $y_1 y_2 = F(x_1 x_2)$ in Bild F enthalten. Nach demselben Kriterium ist das volle Urbild $F^{-1}(y)$ für jedes $y \in$ Bild F ein affiner Teilraum: Sind $x_1, x_2 \in F^{-1}(y)$ verschieden, so ist $F|_{x_1 x_2}$ nicht injektiv, da $F(x_1) = F(x_2) = y$; nach Definition der Parallelentreue ist daher das Bild der Geraden $x_1 x_2$ ein Punkt, nämlich y, und damit ist $x_1 x_2 \subset f^{-1}(y)$. Auch jeder zu $U = f^{-1}(y)$ parallele Unterraum U' wird von F auf einen Punkt abgebildet, denn jede

---

[6]Problem: Gilt der Satz auch für *char*$(\mathbb{K}) = 2$?

Gerade in U' durch einen festen Punkt $x' \in U'$ ist parallel zu einer Geraden in U und wird deshalb wie diese auf einen Punkt, also auf $y' = F(x')$ abgebildet. Deshalb ist $U' \subset F^{-1}(y')$ und insbesondere dim $F^{-1}(y') \geq$ dim $F^{-1}(y)$. Da y und y' gleichberechtigt sind, gilt auch die umgekehrte Ungleichung und damit Dimensionsgleichheit; also ist $U' = F^{-1}(y')$ und daher sind alle Urbilder parallele affine Unterräume.

Wählen wir nun einen Unterraum $X_1 \subset X$ komplementär zu $U = F^{-1}(y)$ und setzen $Y_1 = $ Bild F, so ist $F_1 = F|_{X_1} : X_1 \to Y_1$ bijektiv (denn X_1 schneidet jedes $F^{-1}(y)$, und zwar genau einmal) und damit semi-affin nach Satz 2.1, denn wir können X_1 und Y_1 durch einen linearen Isomorphismus identifizieren. Wir dürfen annehmen (ggf. nach Verschiebung), dass X_1 und U durch den Ursprung 0 gehen und daher lineare Unterräume sind und $X = X_1 \oplus U$. Bezeichnen wir mit $p_1 : X \to X_1$ die Projektion auf den direkten Summanden X_1 und mit $i_1 : Y_1 \to Y$ die Inklusionsabbildung, so ist $F = i_1 F_1 p_1$. Die Abbildung ist also als Komposition von semi-affinen Abbildungen selbst semi-affin. $\square$

Bekannteste Beispiele solcher Abbildungen sind die *Parallelprojektionen*, die häufigste Form zweidimensionaler Zeichnungen von dreidimensionalen Gegenständen in Mathematik, Naturwissenschaft und Technik.

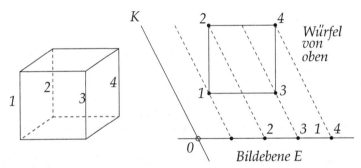

Dazu zerlegt man den Raum $\mathbb{R}^3$ in die Bildebene E sowie ein beliebiges (schräges) eindimensionales Vektorraum-Komplement K, also $\mathbb{R}^3 = K \oplus E$. Jedes $x \in \mathbb{R}^3$ besitzt also eine eindeutige Zerlegung $x = k + e$ mit $k \in K$ und $e \in E$. Die *Projektion auf E entlang K* ist die Abbildung $F : \mathbb{R}^3 \to E, k + e \mapsto e$, die den K-Anteil einfach vergisst. Sie ist linear mit Kern K. Die Geraden, die auf Punkte abgebildet werden, heißen *Projektionsgeraden*: Es sind genau die Parallelen zu K, und ihre Bildpunkte sind ihre Schnitte mit der Bildebene E.

2.5   Affine Darstellungen, Verhältnis, Schwerpunkt

Es sei X ein n-dimensionaler affiner Raum über $\mathbb{K}$. Eine *affine Basis* von X ist ein $(n + 1)$-Tupel von Punkten $a_0, a_1, \dots, a_n \in X$ mit der Eigenschaft, dass die Vektoren

$a_1 - a_0, \ldots, a_n - a_0$ linear unabhängig sind; solche Punkte nennt man auch *affin unabhängig*.[7] Dann lässt sich jeder Punkt $x \in X$ eindeutig darstellen als

$$x = \sum_{j=0}^{n} \lambda_j a_j \text{ mit } \lambda_j \in \mathbb{K} \text{ und } \sum_{j=0}^{n} \lambda_j = 1. \tag{2.14}$$

Weil nämlich die Vektoren $b_i = a_i - a_0$ eine Vektorraum-Basis bilden, hat der Vektor $x - a_0$ eine Darstellung $x - a_0 = \sum_{i=1}^{n} \lambda_i b_i = \sum_{i=1}^{n} \lambda_i a_i - (\sum_{i=1}^{n} \lambda_i)a_0$ und damit ist $x = \sum_{j=0}^{n} \lambda_j a_j$ mit $\lambda_0 = 1 - \sum_{i=1}^{n} \lambda_i$. Die Zahlen $\lambda_0, \ldots, \lambda_n$ heißen die *affinen Koordinaten* von x bezüglich der affinen Basis $a_0, \ldots, a_n$.

Interessant an dieser Darstellung ist ihre Invarianz unter affinen Abbildungen: Ist Y ein zweiter affiner Raum über $\mathbb{K}$ und $F : X \to Y$ eine affine Abbildung, also $F(x) = F_o(x) + b$ für eine lineare Abbildung F_o und ein festes b, dann bleiben diese Zahlen erhalten: Für $x = \sum_j \lambda_j a_j$ mit $\sum_j \lambda_j = 1$ ist

$$\begin{aligned} F(x) &= \sum_j \lambda_j F_o(a_j) + b \\ &= \sum_j \lambda_j F_o(a_j) + \sum_j \lambda_j b \\ &= \sum_j \lambda_j (F_o(a_j) + b) = \sum_j \lambda_j F(a_j). \end{aligned}$$

Der Punkt $F(x)$ hat also die gleiche Position bezüglich der Punkte $F(a_j)$ wie der Punkt x bezüglich a_j.

Linearkombinationen der Form (2.14) ergeben auch dann noch Sinn und sind immer noch affin invariant, wenn die erzeugenden Punkte a_j keine affine Basis mehr bilden und ihre Anzahl beliebig ist, sagen wir $r + 1$; allerdings ist dann die Darstellung von x nicht mehr notwendig eindeutig. Ein wichtiger Spezialfall ist der *Schwerpunkt* oder das *arithmetische Mittel*, bei dem alle λ_j gleich sind, also $\lambda_j = \frac{1}{r+1}$ für $j = 0, \ldots, r$. Der Schwerpunkt bleibt sogar bei semi-affinen Abbildungen erhalten.

Ein anderer Spezialfall ist $r = 1$: Die Punkte x auf der Geraden $a_0 a_1$ werden parametrisiert durch die Zahl $\lambda \in \mathbb{K}$ mit

$$x = \lambda a_1 + (1 - \lambda)a_0 = a_0 + \lambda(a_1 - a_0)$$

oder $x - a_0 = \lambda(a_1 - a_0)$. Sie gibt das *Verhältnis* der linear abhängigen Vektoren $x - a_0$ und $a_1 - a_0$ und damit die relative Position des Punktes x bezüglich der Punkte a_0 und a_1 an.

---

[7]Wir behalten die Sprache bei, als wäre X ein Vektorraum. Eigentlich gibt es ja einen von X unterschiedenen Vektorraum V, dessen additive Gruppe mit Hilfe einer Wirkung $(v, x) \mapsto T_v x$ einfach transitiv auf X wirkt, und $x - a_0$ ist der eindeutig bestimmte Vektor $v \in V$ mit $T_v a_0 = x$. Wir schreiben aber weiterhin $v = x - a_0$ und $T_v a_0 = v + a_0$. Die Unterscheidung von X und V wird nur in den Bezeichnungen „Punkte" und „Vektoren" deutlich: *Punkte* sind Elemente von X, *Vektoren* dagegen sind Elemente von V.

Wir schreiben kurz $\lambda =: \frac{x-a_0}{a_1-a_0} = V(x, a_1, a_0)$.[8] Der Begriff des Verhältnisses macht nun auch eine geometrische Kennzeichnung von affinen Abbildungen auf einem eindimensionalen affinen Raum möglich:

Satz 2.4 *Es sei X ein eindimensionaler affiner Raum. Eine Bijektion $F : X \to X$ ist affin genau dann, wenn F das Verhältnis erhält: $V(Fx, Fy, Fz) = V(x, y, z)$ für alle $x, y, z \in X$.*

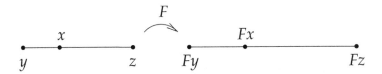

Beweis Affine Abbildungen, insbesondere Translationen, haben offensichtlich diese Eigenschaft. Durch Nachschalten einer Translation können wir $F(0) = 0$ annehmen. Ist nun $y \in X \setminus \{0\}$, so ist $x = \lambda y$ für ein $\lambda \in \mathbb{K}$, also $\lambda = V(x, y, 0)$. Da $V(Fx, Fy, 0) = V(x, y, 0) = \lambda$ und $x = \lambda y$, folgt $F(\lambda y) = \lambda F(y)$ für alle $\lambda \in \mathbb{K}$, also ist F linear. $\qquad\square$

---

[8]Die beiden linear abhängigen Vektoren $x - a_0$ und $a_1 - a_0$ sind keine Zahlen, sondern etwas Allgemeineres: *Größen.* Sie unterscheiden sich aber um eine Zahl, um einen Faktor. Schon Pythagoras wusste, dass Größen (Längen, Rauminhalte, Gewichte) keine Zahlen sind, aber zwei gleichartige Größen eine Zahl definieren, ihr *Verhältnis.* Gleichartige Größen (ohne Richtung) bilden in moderner Terminologie einen eindimensionalen $\mathbb{R}$-Vektorraum; in der Tat wurde $\mathbb{R}$ als Erweiterung von $\mathbb{Q}$ in diesem Zusammenhang durch Schüler von Pythagoras entdeckt. Die Wahl einer Maßeinheit (Meter, Liter, Kilogramm) ist die Wahl einer Basis dieses Vektorraums. Zum Begriff des Verhältnisses siehe auch das erste Kapitel in „Sternstunden der Mathematik" [12].

Inzidenz: Projektive Geometrie

3

Zusammenfassung

Die Projektive Geometrie ist die eigentliche Domäne des Inzidenzbegriffes für Geraden und Punkte; sie kennt keine weiteren Grundbegriffe. Die grundlegenden Ideen wurden vor 600 Jahren bei der Entdeckung der Zentralperspektive entwickelt. Die Künstler leisteten Pionierarbeit für die Mathematiker. Wie in einer perspektivischen Darstellung parallele Linien einen Schnittpunkt auf dem Horizont zu haben scheinen, so wird die Parallelität als „Schneiden im Unendlichen" interpretiert. Dazu muss die Geometrie durch „Punkte im Unendlichen" erweitert werden. Diese ergeben sich ganz zwanglos durch Einbetten in die Lineare Algebra: Die erweiterte („Projektive") Geometrie findet allerdings nicht mehr auf dem Vektorraum statt wie die Affine Geometrie, sondern auf der Menge seiner eindimensionalen Untervektorräume. Die strukturerhaltenden Transformationen („Kollineationen") sind dann einfach die (semi-)linearen Isomorphismen des Vektorraums. Zum ersten Mal werden nun auch interessante geometrische Sätze besprochen, die Sätze von *Desargues, Brianchon* und *Pascal.* Wir werden Kegelschnitte und Quadriken kennenlernen und am Ende auch eine numerische Größe in der Projektiven Geometrie: das Doppelverhältnis.

3.1   Zentralperspektive

Gibt es Abbildungen in der Ebene oder im Raum der Anschauung, die Geraden in Geraden abbilden (also die Inzidenz erhalten), aber nicht parallelentreu (affin) sind? Solche Abbildungen sind uns von Fotos her bestens bekannt: perspektivische Bilder. Um die Zentralperspektive richtig zu konstruieren, braucht man nur drei einfache Regeln:

1. Geraden werden in Geraden abgebildet,
2. Bilder von Parallelen sind wieder parallel oder haben einen gemeinsamen Schnittpunkt,

© Springer Fachmedien Wiesbaden GmbH, ein Teil von Springer Nature 2020
J.-H. Eschenburg, *Geometrie – Anschauung und Begriffe,*
https://doi.org/10.1007/978-3-658-28225-7_3

3. Bilder von Parallelen zu Geraden in einer festen Ebene schneiden sich auf einer gemeinsamen Geraden, dem *Horizont* dieser Ebene.

Die einfachste Übung im perspektivischen Zeichnen ist eine Eisenbahnstrecke, die gerade
auf den Horizont zuläuft und deren Schwellen gleichmäßige Abstände haben. Dann muss
man im Bild nur den Horizont, die beiden Gleise und die ersten beiden Schwellen vorgeben; die Bilder der anderen Schwellen lassen sich konstruieren, denn alle von den Gleisen
und zwei benachbarten Schwellen gebildeten Rechtecke haben parallele Diagonalen, deren
Bilder sich (bei geradliniger Verlängerung) auf dem Horizont schneiden. Es ist dabei nicht
unbedingt erforderlich, dass die Bilder der Schwellen parallel sind.

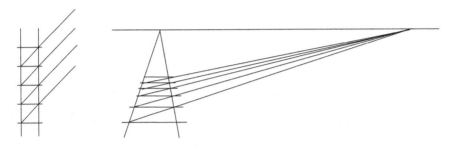

Ersetzt man die Eisenbahngleise und die Schwellen durch die Geraden eines rechtwinkligen Koordinatensystems der Ebene, so sieht man nach dem gleichen Muster: Unter einer
perspektivischen Abbildung kann das Bild eines einzelnen Rechtecks, insbesondere eines
Koordinaten-Kästchens, ein beliebiges konvexes ebenes Viereck sein, und es legt jeden
anderen Bildpunkt derselben Ebene eindeutig fest.

Dieselben Prinzipien gelten auch für Zeichnungen *räumlicher* Objekte, z. B. eines Qua-
ders. Die vertikalen Kanten werden meistens ebenfalls vertikal gezeichnet (diese Schar
paralleler Geraden wird also auf Parallelen abgebildet). Wenn wir das Bild des vorderen
und eines der Seitenrechtecke vorgeben, ist alles andere bestimmt.

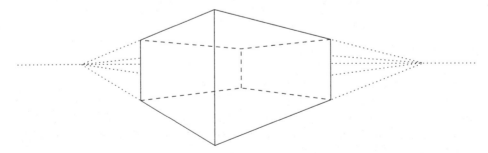

Durch Aufsetzen eines Daches entsteht das Bild eines Giebelhauses; wir müssen nur noch
die Höhe des vorderen Giebels vorgeben, vgl. Übung 11.

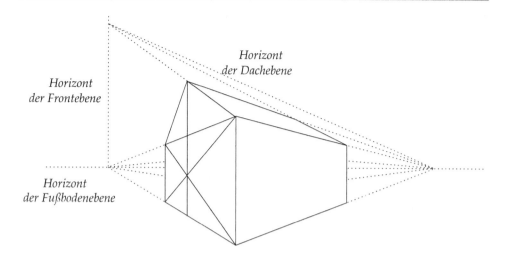

Heute ist uns die Perspektive von der Fotografie her vertraut, aber die Menschen früherer Jahrhunderte hatten keine solche Möglichkeit. Unser Sehen ist nicht wirklich perspektivisch, denn durch die Beidäugigkeit und die Anpassung der Augenlinse an die Entfernung erhält unser Gehirn eine zusätzliche Tiefeninformation. Perspektivisch gesehen müsste ja ein Gegenstand scheinbar größer werden, wenn wir uns ihm nähern, aber im Nahbereich ist das keineswegs der Fall; der Gegenstand scheint durchaus seine Größe beizubehalten. Perspektivische Darstellung setzt also eine gewisse Abstraktion des natürlichen Sehens voraus. Sie ist eine Entdeckung der Frührenaissance, wohl der erste bedeutende mathematische Beitrag Europas seit der Antike. Es hat zwar schon von der Antike an Versuche gegeben, die räumliche Tiefe durch schräge und konvergente Linien wiederzugeben, aber die genaue Konstruktion blieb verborgen. Sie gelang erst um 1420 dem späteren Baumeister der Kuppel des Doms von Florenz, *Filippo Brunelleschi* (1377–1440), dessen Zeichnungen wir aber nur aus Berichten kennen. Die ersten uns überlieferten perspektivischen Darstellungen stammen von einem Freund Brunelleschis, dem Maler *Masaccio* (eigentlich Tomaso di Giovanni di Simone, 1401–1428). Besonders berühmt ist sein Fresco „Dreifaltigkeit" (1426) in der Kirche Santa Maria Novella in Florenz,[1] in dem die Perspektive eine wichtige Funktion für die Aussage des Bildes bekommt, weil der Standort des Betrachters miteinbezogen wird. Das erste Lehrbuch der Perspektive schrieb der Genueser Gelehrte *Leon Battista Alberti* (1404–1472).

In der Affinen Geometrie haben wir in Abschn. 2.4 die *Parallelprojektionen* kennengelernt. Perspektivische Abbildungen dagegen sind *Zentralprojektionen.* Auch bei ihnen entsteht der Bildpunkt als Schnitt der Bildebene mit einer durch den Urbildpunkt gehenden Geraden, der *Projektionsgeraden,* aber diese sind nicht mehr parallel, sondern gehen alle

---

[1] https://de.wikipedia.org/wiki/Dreifaltigkeit_(Masaccio)

durch einen festen Punkt, das *Projektionszentrum*.[2] Beim perspektivischen Sehen ist das
Auge selbst das Projektionszentrum; die Projektionsgeraden sind die Lichtstrahlen, die vom
Gegenstand ausgehend das Auge erreichen, und der Bildpunkt ist der Schnitt dieses Strahls
mit der Bildebene, die man sich zwischen Auge und Gegenstand denkt.

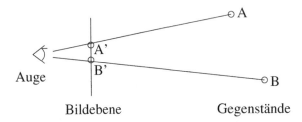

Albrecht Dürer[3] zeigt in seinem Lehrbuch „Underweysung der Messung" von 1525, wie man
den Bildpunkt auf einer zwischen Auge und Gegenstand befindlichen Glasscheibe bestimmt,
indem man den Gegenstand durch ein Loch in einem fest montierten Gestell anpeilt. Er
beschreibt außerdem ein rein mechanisches Verfahren zur Erzeugung eines perspektivischen
Bildes, bei dem die Projektionsstrahlen durch Fäden ersetzt werden (wir haben nur die
Schreibweise modernisiert):[4]

> „Bist du in einem Saal, so schlag eine große Nadel mit einem weiten Öhr, die dazu gemacht ist,
> in eine Wand und setz das für ein Auge. Dadurch zeuch einen starken Faden und häng unten
> ein Bleigewicht daran. Danach setz einen Tisch oder Tafel so weit von dem Nadelöhr, darin
> der Faden ist, als du willst. Darauf stell stet einen aufrechten Rahmen . . ., der ein Türlein habe,
> das man auf und zu mag tun. Dies Türlein sei deine Tafel, darauf du malen willst. Danach
> nagel zwei Fäden, die als lang sind als der aufrechte Rahmen lang und breit ist, oben und
> mitten in den Rahmen und den anderen auf einer Seite auch mitten in den Rahmen und lass sie
> hängen. Danach mach einen langen Stift, der vorne an der Spitze ein Nadelöhr habe. Darein
> fädel den langen Faden, der durch das Nadelöhr an der Wand gezogen ist, und fahr mit der
> Nadel und dem langen Faden durch den Rahmen hinaus und gib sie einem anderen in die Hand,
> und warte du der anderen zwei Fäden, die an dem Rahmen hängen. Nun gebrauche dies also:
> Leg eine Laute, oder was dir sonst gefällt, so fern von dem Rahmen als du willst, und dass
> sie unverrückt bleibt, solange du ihrer bedarfst, und lass deinen Gesellen die Nadel mit dem
> Faden hinausstrecken auf die nötigsten Punkte der Laute, und so oft er auf einer Stelle hält
> und den langen Faden anstreckt, so schlag allweg die zwei Fäden an dem Rahmen kreuzweis
> gestreckt an den langen Faden und kleb sie an beiden Orten mit einem Wachs an den Rahmen,
> und heiß deinen Gesellen seinen langen Faden nachlassen. Danach schlag das Türlein zu und
> zeichne dieselben Punkte, da die Fäden kreuzweise übereinander gehen, auf die Tafel. Danach
> tu das Türlein wieder auf und tu mit einem anderen Punkt aber also bis dass du die ganze Laute

---

[2]Die Parallelprojektionen in Abschn. 2.4 bilden einen Spezialfall der Zentralprojektionen, wobei das
Projektionszentrum in der Fernebene liegt. Der Raum $\mathbb{R}^3$ muss dazu zum projektiven Raum $\mathbb{RP}^3$
erweitert werden.

[3]Albrecht Dürer, 1471–1528 (Nürnberg).

[4]https://de.wikipedia.org/wiki/Datei:Duerer_Underweysung_der_Messung_fig_001_page_181.jpg

gar an die Tafel punktierst. Dann zeuch alle Punkte, die auf der Tafel von der Laute worden sind, mit Linien zusammen, so siehst du, was daraus wird. Also magst du andere Dinge auch abzeichnen."

Beim Fotoapparat oder seinem Vorgänger, der Lochkamera (Camera obscura) ist es etwas anders: Das Projektionszentrum ist der Linsenmittelpunkt oder das Loch, und die Bildebene befindet sich dahinter auf der Rückwand der Kamera:

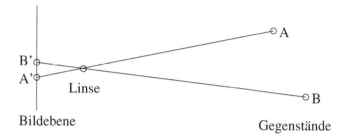

Die Bildebene ist also nicht mehr zwischen Gegenstand und Projektionszentrum, sondern erst hinter dem Projektionszentrum. Der Unterschied ist jedoch gering; eine Parallelverschiebung der Bildebene bewirkt lediglich eine zentrische Streckung S_λ des Bildes. Wird die Bildebene wie im vorliegenden Fall auf die andere Seite des Projektionszentrums verschoben, so ist λ negativ. Das Bild wird daher im Fotoapparat um $180°$ gedreht, steht also auf dem Kopf.

3.2 Fernpunkte und Projektionsgeraden

Der französische Festungsbaumeister *Gerard Desargues* (1591–1661) entwickelte eine Idee, die sich als sehr weit tragend erweisen sollte. In einem perspektivischen Bild einer Ebene gibt es eine Gerade, auf der sich die Bilder paralleler Geraden treffen, den Horizont. Ihm entspricht aber keine Gerade der abgebildeten Ebene. Sollte man nicht die Urbildebene um neue, „im Unendlichen liegende" Punkte erweitern, sogenannte *Fernpunkte* oder *ideale,* d. h. nur der Idee nach vorhandene Punkte, die man als Urbilder der Horizontpunkte ansehen könnte? Die Fernpunkte müssten zusammen eine neue Gerade bilden, die *Ferngerade,* das Urbild des Horizonts. Dann wäre man endlich den lästigen Sonderfall der Affinen Geometrie los, dass zwei Geraden einer Ebene leider nicht immer einen Schnittpunkt haben, sondern manchmal parallel sind: Die parallelen Geraden würden sich eben in den neu hinzugewonnenen Punkten, den Fernpunkten treffen, und zu jeder Klasse paralleler Geraden würde genau ein solcher Fernpunkt gehören.[5] Ebenso könnte man im Raum von einer (hinzugedachten) *Fernebene* sprechen, auf der die Schnittpunkte paralleler Geradenscharen im Raum liegen

---

[5]Man kann einen *Fernpunkt* genau so definieren: als eine Klasse paralleler Geraden, d. h. als eine Äquivalenzklasse einer Geraden der affinen Ebene bezüglich der Äquivalenzrelation „Parallelität" auf der Menge der Geraden.

und die die Ferngeraden aller Ebenen des Raumes enthält. Dass es solche Punkte nicht wirklich gibt, störte die Mathematiker wenig; es war eben eine Erweiterung der üblichen Affinen Geometrie durch neue, „ideale" Punkte, ähnlich wie man die Zahlen durch Hinzunahme gedachter neuer Zahlen (z. B. ∞) erweitern konnte. Diese Erweiterung nannte man *Projektive Geometrie*. Als der französische Mathematiker *J.-V. Poncelet*[6] als Soldat unter Napoleon 1812 in russische Kriegsgefangenschaft geriet und viel Zeit, aber keine Bücher zur Verfügung hatte, entwickelte er systematisch die Gesetze dieser Geometrie.

Die Definition der Fernpunkte als Parallelenklassen hat einen Nachteil: Fernpunkte und gewöhnliche Punkte scheinen ganz unterschiedlich definiert. Gibt es keine *gemeinsame* Definition? Auch dazu geben die perspektivischen Abbildungen, die Zentralprojektionen den Schlüssel. Wir beschreiben sie noch einmal mit den Begriffen der räumlichen Affinen Geometrie. Jeder Punkt x der Urbildebene U bestimmt ja genau eine Gerade ox durch das Projektionszentrum o, und sein Bildpunkt ist der Schnitt dieser Geraden mit der Bildebene B. Eigentlich können wir die Punkte x der Urbildebene ganz vergessen und durch ihre Projektionsgeraden ox ersetzen. Projektionsgeraden, deren Bilder (Schnitte mit B) auf einer gemeinsamen Geraden in B liegen, sind in einer gemeinsamen Ebene enthalten, nämlich der von der Bildgeraden und dem Projektionszentrum aufgespannten Ebene. Wir haben daher eine Art Lexikon gefunden: Punkte entsprechen Projektionsgeraden, Geraden entsprechen Ebenen durch o. Aber einige Geraden durch o treffen die Urbildebene U gar nicht, nämlich solche, die zu einer Geraden innerhalb von U parallel sind; ihnen entspricht also kein Punkt von U. Das sind die neuen „idealen" Punkte von U, die nach unserem Lexikon wirklich auf einer gemeinsamen „Geraden" (der Ferngeraden) liegen, denn sie sind ja alle in der zu U parallelen Ebene durch o enthalten.[7] Dagegen können diese Geraden sehr wohl die Bildebene B schneiden, deshalb sehen wir dort den Horizont als „Bild der Ferngeraden".

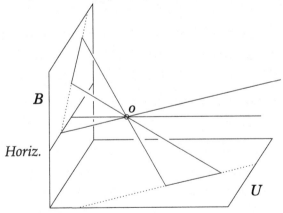

---

[6]Jean-Victor Poncelet, 1788 (Metz) – 1867 (Paris).

[7]Jede solche Gerade definiert eine Klasse von zu ihr parallelen Geraden in U; das ist der zugehörige Fernpunkt im Sinne der bisherigen Definition.

Die ebene Projektive Geometrie ist daher nichts anderes als die Geometrie des „Büschels" der Geraden durch einen festen Punkt o im Raum, wobei wir nur neue Worte benutzen: Eine Gerade durch o nennen wir „Punkt" und eine Ebene durch o „Gerade". Das gesamte Büschel steht für die projektive Ebene, die Geraden des Büschels, die die Ebene U treffen, stellen darin die affine Ebene dar, und die, welche U nicht treffen, bilden die Ferngerade.

Wenn wir den affinen Raum mit dem ausgezeichneten Punkt o wieder als Vektorraum V mit Ursprung o auffassen, dann ist dieses Geradenbüschel nichts anderes als die Menge aller eindimensionalen linearen Unterräume von V.

3.3   Projektiver und affiner Raum

Allgemein wollen wir nun einen beliebigen Vektorraum V über einem Körper $\mathbb{K}$ betrachten und darüber den projektiven Raum P_V definieren:

> **Definition:** Der *projektive Raum P_V* über V ist die Menge aller eindimensionalen linearen Unterräume von V. Für $V = \mathbb{K}^{n+1}$ bezeichnen wir P_V auch mit $\mathbb{KP}^n$ oder einfach $\mathbb{P}^n$.

Wir sagen, dass P_V die Dimension n hat, wenn $\dim V = n+1$. Jedem $(k+1)$-dimensionalen linearen Unterraum $W \subset V$ entspricht der *k-dimensionale projektive Unterraum $P_W \subset P_V$*, dessen Elemente die eindimensionalen linearen Unterräume von W sind. Insbesondere besteht eine *Gerade* in P_V aus den eindimensionalen linearen Unterräumen eines zweidimensionalen Untervektorraums von V.[8]

Man kann P_V auch folgendermaßen beschreiben: Zwei Vektoren $v, w \in V_* := V \setminus \{0\}$ heißen *proportional*, $v \sim w$, wenn es eine Zahl $\lambda \in \mathbb{K}^*$ gibt mit $w = \lambda v$. Dies ist offensichtlich eine Äquivalenzrelation, und sie hängt wie in Übung 2 mit einer Gruppenwirkung S zusammen, nämlich mit der Wirkung S der Gruppe $\mathbb{K}^*$ auf V durch Multiplikation mit Skalaren, $S : \mathbb{K}^* \times V \to V, S(\lambda, v) = S_\lambda(v) = \lambda v$. Die *Bahn* eines Vektors $v \in V_*$ unter dieser Gruppenwirkung, die Äquivalenzklasse $[v]$, ist der von v erzeugte eindimensionale Untervektorraum (geschnitten mit V_*, also ohne den Ursprung) und damit ein (typisches) Element von P_V. Wir erhalten also

$$P_V = \{[v] = K^*v; \ v \in V_*\}. \tag{3.1}$$

Die Äquivalenzklasse $[v]$ ist der Vektor v „bis auf Vielfache"; man nennt $[v]$ auch einen *homogenen Vektor*. Mit $\pi : V_* \to P_V, \pi(v) = [v]$ bezeichnen wir die kanonische Projektion.

---

[8]Ebenso kann man auch für jede andere Dimension k zwischen 1 und $\dim V$ die Menge aller k-dimensionalen linearen Unterräume W von V betrachten. Diese Menge heißt *Grassmann-Mannigfaltigkeit $G_k(V)$*; sie spielt in vielen Anwendungen eine Rolle. Insbesondere ist $G_1(V) = P_V$. Dank der Bijektion $W \mapsto P_W$ kann man $G_k(V)$ auch als die Menge der $(k-1)$-dimensionalen projektiven Unterräume ansehen.

In welcher Weise ist P_V eine Erweiterung eines affinen Raums? Als affinen Raum betrachten wir jede Hyperebene $H \subset V$, die nicht durch den Ursprung geht:

$$H = W + v_o \,,$$

wobei $W \subset V$ ein linearer Unterraum der Kodimension Eins ist mit $v_o \notin W$. Die meisten
eindimensionalen linearen Unterräume in V schneiden H (und zwar genau einmal), nur
die zu H parallelen, d. h. in W enthaltenen schneiden nicht. Diese bilden die projektive
Hyperebene P_W, die wir die (zu H gehörige) *Fernhyperebene* nennen wollen. Alle übrigen
bilden die Teilmenge

$$A_H = \pi(H) = [H] = \{[v] \in P_V; \ v \in H\} \subset P_V \,, \tag{3.2}$$

die wir als *affinen Raum* in P_V betrachten; in der Tat ist $\pi|_H : H \to A_H$ bijektiv und ge-
radentreu, d. h. Geraden in H (Schnitte von H mit einem zweidimensionalen transversalen[9]
Unterraum E) werden auf projektive Geraden abgebildet, soweit diese in A_H verlaufen,
und umgekehrt. Wir haben also eine disjunkte Zerlegung des projektiven Raumes P_V in den
affinen Raum A_H und die Fernhyperebene P_W:

$$P_V = A_H \,\dot{\cup}\, P_W. \tag{3.3}$$

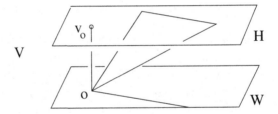

Satz 3.1 *Projektive Geraden $g_1, g_2 \subset P_V$ schneiden sich in einem Punkt der Fernhyperebene P_W genau dann, wenn $g_1 \cap A_H$ und $g_2 \cap A_H$ parallele Geraden in A_H sind, d. h.
Bilder unter $\pi|_H$ von parallelen Geraden in H.*

Beweis Es seien $\tilde{g}_1, \tilde{g}_2$ parallele Geraden in H, also $\tilde{g}_i = L + v_i$ für einen eindimensionalen
linearen Unterraum $L = \mathbb{K}v$; weil $g_i \subset H = W + v_o$, muss $L \subset W$ gelten. Dann ist
$\tilde{g}_i = H \cap E_i$, wobei E_i der von v und v_i aufgespannte zweidimensionale Unterraum ist,
und $\pi(\tilde{g}_i) = \pi(E_i) =: g_i$. Da $E_1 \cap E_2 = L$, ist $g_1 \cap g_2 = \pi(L) \in P_W$.

---

[9]Zwei Unterräume von V heißen *transversal*, wenn sie zusammen den ganzen Raum V aufspannen.

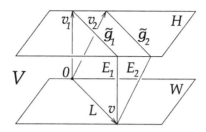

Umgekehrt seien $g_1 = \pi(E_1)$ und $g_2 = \pi(E_2)$ Geraden in P_V mit einem Schnittpunkt $[v] \in P_W$, und $L = \mathbb{K}v \subset W$ sei der zugehörige eindimensionale Unterraum. Dann ist $L = E_1 \cap E_2$. Die Ebene E_i wird von v und einem Vektor $v_i \notin W$ aufgespannt, und ein Vielfaches von v_i trifft die zu W parallele Hyperfläche H, denn W und v_i erzeugen V. Wir können also $v_i \in H$ annehmen, und $H \cap E_i = L + v_i =: \tilde{g}_i$. Dies sind parallele Geraden in H. □

Wir werden oft den Vektorraum V als $\mathbb{K}^{n+1}$ festlegen und $H = \mathbb{K}^n + e_{n+1}$ wählen. Den projektiven Raum über $\mathbb{K}^{n+1}$ bezeichnen wir mit $\mathbb{P}^n$, und der darin enthaltene affine Raum $[H] = \{[x_1, \ldots, x_n, 1];\ x_1, \ldots, x_n \in \mathbb{K}\}$ wird mit $\mathbb{A}^n$ bezeichnet. Aus (3.3) erhalten wir also die Zerlegung

$$\mathbb{P}^n = \mathbb{A}^n \,\dot{\cup}\, \mathbb{P}^{n-1}. \tag{3.4}$$

Diese Festlegung ist keine Einschränkung: Im nächsten Abschn. 3.4 werden wir sehen, dass der allgemeine Fall mit einem linearen Isomorphismus zwischen V und $\mathbb{K}^{n+1}$ in diesen Spezialfall umgewandelt werden kann.

Die reelle projektive Ebene als die Menge aller Geraden durch den Ursprung 0 im dreidimensionalen Raum $\mathbb{R}^3$ kann man sich noch ganz gut vorstellen: Wenn wir die Kugelfläche *(Sphäre)* S um den Ursprung betrachten, so schneidet jede Gerade diese Fläche in zwei gegenüberliegenden *(antipodischen)* Punkten $\pm v$, $v \in S$; wir können uns die projektive Ebene also als Menge der antipodischen Punktepaare der Sphäre vorstellen,

$$\mathbb{P}^2 = S/\pm\,. \tag{3.5}$$

Anders gesagt, wir erhalten die projektive Ebene, indem wir die Nordhalbkugel so auf die Südhalbkugel kleben, dass gerade die antipodischen Punkte miteinander verheftet werden. Wenn wir von der Sphäre zunächst nur ein Band um den Äquator betrachten, so lässt sich diese Verklebung praktisch durchführen; das Ergebnis ist das *Möbiusband*, ein geschlossenes Band mit einem Twist um eine halbe Drehung (180°).[10] Danach bleiben von der Sphäre noch

---

[10]Das Möbiusband ist eine einseitige („nicht orientierbare") Fläche; man kann sie nicht auf einer Seite grün, auf der anderen rot anmalen.

die beiden Polkappen übrig, die wir leicht antipodisch zu einer einzigen Kappe verkleben können. Diese Kappe muss nun wieder an das Möbiusband angeklebt werden, das ja wie die Kappe von einer einzigen geschlossenen Linie berandet wird. Dieses Verkleben lässt sich im Raum nicht mehr so leicht durchführen, aber abstrakt ist das kein Problem.[11] Die projektive Ebene ist also ein Möbiusband mit einer Kappe, deren Rand mit seinem Rand verheftet ist.

Mit dem Sphärenmodell können wir auch die *Geometrie* der projektiven Ebene gut verstehen. Projektive Geraden entsprechen ja Ebenen durch 0, und diese schneiden die Sphäre in *Großkreisen,* die also projektiven Geraden entsprechen. Je zwei Großkreise schneiden sich in einem antipodischen Punktepaar, dem Schnittpunkt der zugehörigen Geraden. Die *Ferngerade* ist der Äquator, der Schnitt von S mit der Äquatorebene $\mathbb{R}^2 = \{x \in \mathbb{R}^3; \ x_3 = 0\}$, mit verhefteten Antipodenpunkten. Die affine Ebene $\mathbb{A}^2 \subset \mathbb{P}^2$ können wir uns als die offene obere Halbsphäre $S_+ = \{x \in S; \ x_3 > 0\}$ vorstellen. Zwei Großkreisbögen in S_+ schneiden sich genau einmal oder haben ein antipodisches Punktepaar auf dem Äquator gemeinsam. Der letztere Fall entspricht einem parallelen Geradenpaar.

3.4 Semiprojektive Abbildungen und Kollineationen

Wir betrachten weiterhin einen Vektorraum V über $\mathbb{K}$ und den zugehörigen projektiven Raum $P = P_V$. Wir wollen alle *geradentreuen* umkehrbaren Abbildungen $F : P \to P$ kennenlernen; wir nennen sie kurz *Kollineationen*. (Im Fall $\mathbb{K} = \mathbb{R}$ oder allgemeiner $\mathbb{K} \supset \mathbb{R}$ werden wir zudem wieder die *Stetigkeit* von F und F^{-1} fordern.)

> **Definition:** Eine *Kollineation* von P_V ist eine umkehrbare Abbildung $F : P_V \to P_V$ mit der Eigenschaft, dass $F(g)$ für jede Gerade $g \subset P_V$ wieder eine Gerade in P_V ist.

Die Kollineationen bilden offensichtlich eine *Gruppe:* Kompositionen und Inverse von Kollineationen sind wieder Kollineationen. Für Kompositionen ist das klar, und das Inverse F^{-1} bildet die Gerade $F(g)$ auf die Gerade g ab, ist also auch eine Kollineation.

---

[11]Man betrachtet die disjunkte Vereinigung des Möbiusbandes M mit der Kappe K, bildet mit einer bijektiven Abbildung f den Rand von M auf den Rand von K ab und betrachtet Punkte im Rand von M als identisch mit ihrem Bild auf dem Rand von K. Das geschieht mit einer Äquivalenzrelation auf $M \dot\cup K$, gemäß derer ein Punkt nur zu sich selbst oder ggf. zu seinem Bild oder Urbild unter f äquivalent ist. Die so entstandene Fläche kann man auch (auf vielfältige Weise) als Fläche im Raum realisieren, wenn man Selbstschnitte zulässt („Boy-Fläche"). Ein besonders schönes Exemplar einer Boy-Fläche steht vor dem Mathematischen Forschungsinstitut Oberwolfach, siehe https://commons.wikimedia.org/wiki/File:Boyflaeche.JPG.

Beispiele von Kollineationen auf P_V sind die invertierbaren semilinearen Abbildungen auf V, denn sie bilden ja Untervektorräume auf Untervektorräume gleicher Dimension ab; insbesondere erhalten sie die Menge der Geraden und Ebenen durch den Ursprung. Jede invertierbare semilineare Abbildung $S : V \to V$ definiert somit eine Kollineation $F = [S] : P_V \to P_V$,

$$[S][v] = [Sv] \tag{3.6}$$

für alle $v \in V_*$. Wir wollen solche Abbildungen *semiprojektive Abbildungen* nennen, und wenn S linear ist (nicht nur semilinear), sollen sie *projektive Abbildungen* heißen. Die semiprojektiven Abbildungen bilden zunächst eine Untergruppe der Gruppe der Kollineationen; wir werden aber zeigen, dass damit bereits alle Kollineationen ausgeschöpft sind.

Bemerkung Die Gruppe der invertierbaren linearen Abbildungen auf $\mathbb{K}^{n+1}$ heißt $GL(\mathbb{K}^{n+1})$ („Generelle Lineare Gruppe"). Sie operiert auf $\mathbb{KP}^n$ durch (3.6). Die Wirkung dieser Gruppe auf $\mathbb{KP}^n$ hat allerdings einen *Kern*, eine Untergruppe, deren Elemente als identische Abbildung auf $\mathbb{RP}^n$ wirken. Wenn $\mathbb{K}$ kommutativ ist, sind das genau die Vielfachen der Einheitsmatrix (vgl. Übung 16); sie bilden die Gruppe $\mathbb{K}^* = \{tI : t \in \mathbb{K}^*\}$, das Zentrum[12] der Gruppe $GL(\mathbb{K}^{n+1})$. In Wahrheit operiert also die Quotientengruppe $PGL(\mathbb{K}^{n+1}) := GL(\mathbb{K}^{n+1})/\mathbb{K}^*$, die *Projektive Gruppe*.

Wir denken uns wieder den affinen Raum als Teilmenge des projektiven Raums, indem wir eine Hyperebene $H = W + v_o$ mit $v_o \notin W$ auszeichnen und $A_H := [H]$ definieren; dabei ist $W \subset V$ ein Untervektorraum der Kodimension Eins. Im Fall $V = \mathbb{K}^{n+1}$ (in diesem Fall schreiben wir $\mathbb{P}^n$ statt P_V) wählt man gerne $W = \mathbb{K}^n = \{(x_1, \ldots, x_{n+1}) \in \mathbb{K}^{n+1}; x_{n+1} = 0\}$ und $v_o = e_{n+1} = (0, \ldots, 0, 1)$, also $H = \mathbb{K}^n + e_{n+1}$ und

$$A_H = \mathbb{A}^n = \{[x, 1]; \ x \in \mathbb{K}^n\} \cong \mathbb{K}^n. \tag{3.7}$$

Das ist keine Einschränkung, denn jede Hyperebene $H \not\ni 0$ kann mit einem linearen Isomorphismus von $\mathbb{K}^{n+1}$ auf die spezielle Hyperebene $\mathbb{K}^n + e_{n+1}$ abgebildet werden.

Diese Einbettung des affinen in den projektiven Raum gibt uns die folgende natürliche Fortsetzung jeder auf $\mathbb{K}^n \cong \mathbb{A}^n \subset \mathbb{P}^n$ definierten semi-affinen Abbildung F zu einer semiprojektiven Abbildung $\hat{F}$ auf $\mathbb{P}^n$: Ist $F(x) = F_o(x) + a$ für einen konstanten Vektor $a \in \mathbb{K}^n$ und eine invertierbare semilineare Abbildung F_o auf $\mathbb{K}^n$ (mit $F_o(\lambda x) = \bar{\lambda} F_o(x)$ für einen Automorphismus $\lambda \mapsto \bar{\lambda}$ von $\mathbb{K}$), so erhalten wir auf $\mathbb{A}^n \subset \mathbb{P}^n$ die Zuordnung

$$[x, 1] \mapsto [F(x), 1],$$
$$[x, \xi] = [\xi^{-1}x, 1] \mapsto [F(\xi^{-1}x), 1] = [\bar{\xi}^{-1}F_o(x) + a, 1] = [F_o(x) + \bar{\xi}a, \bar{\xi}]$$

für alle $\xi \in \mathbb{K}^*$. Aber die Zuordnungsvorschrift

$$[x, \xi] \mapsto [F_o(x) + \bar{\xi}a, \bar{\xi}]$$

---

[12]Das *Zentrum* einer Gruppe G besteht aus allen Elementen $z \in G$, die mit jedem Element von G vertauschen, $zg = gz$ für alle $g \in G$.

ist auch noch im Fall $\xi = 0$ definiert. Deshalb können wir die folgende invertierbare semilineare Abbildung $\hat{F}_o$ auf $\mathbb{K}^{n+1}$ definieren:

$$\hat{F}_o(x, \xi) = (F_o(x) + \bar{\xi}a, \, \bar{\xi}) \text{ für alle } x \in \mathbb{K}^n, \, \xi \in \mathbb{K}, \tag{3.8}$$

und die zugehörige semiprojektive Abbildung $\hat{F} = [\hat{F}_o]$ ist – eingeschränkt auf $\mathbb{P}^n$ – die auf $\mathbb{A}^n$ vorgegebene semi-affine Abbildung F; so haben wir $\hat{F}$ ja konstruiert. Ist F_o sogar linear, so auch $\hat{F}_o$, und wir können Matrixschreibweise bezüglich der Zerlegung $\mathbb{K}^{n+1} = \mathbb{K}^n \oplus \mathbb{K}$ verwenden:

$$\hat{F}_o = \begin{pmatrix} F_o & a \\ 0 & 1 \end{pmatrix}.$$

Satz 3.2 *Die Kollineationen von $\mathbb{P}^n$ sind genau die semiprojektiven Abbildungen: Zu jeder Kollineation $\hat{F}$ von $\mathbb{P}^n$ gibt es eine umkehrbare semilineare Abbildung $\hat{F}_o$ auf $V = \mathbb{K}^{n+1}$ mit $\hat{F} = [\hat{F}_o]$.*

Beweis Wir führen die Behauptung auf den entsprechenden Satz der affinen Geometrie zurück (Satz 2.1), indem wir zunächst nur solche Kollineationen $\hat{F}$ betrachten, die den affinen Raum $\mathbb{A}^n \subset \mathbb{P}^n$ invariant lassen, $\hat{F}(\mathbb{A}^n) = \mathbb{A}^n$. Solche bijektiven Abbildungen lassen auch die Fernhyperebene $\mathbb{P}^{n-1} = \mathbb{P}^n \setminus \mathbb{A}^n$ invariant. Damit ist $F := \hat{F}|_{\mathbb{A}^n}$ nicht nur geradentreu, sondern auch parallelentreu, denn Parallelen in $\mathbb{A}^n$ sind ja genau die Geradenpaare, die sich in einem Punkt der Fernhyperebene $\mathbb{P}^{n-1}$ schneiden; die Bilder unter F müssen also auch wieder parallel sein. In Satz 2.1 haben wir gezeigt, dass eine solche Abbildung F semi-affin ist: $F(x) = F_o(x) + a$ für alle $x \in \mathbb{K}^n \cong \mathbb{A}^n$. Diese semi-affine Abbildung lässt sich, wie oben gezeigt, zu einer semiprojektiven Abbildung fortsetzen, die auf $\mathbb{A}^n$ mit $\hat{F}$ übereinstimmt und damit überall gleich $\hat{F}$ sein muss, denn die Fernhyperebene $\mathbb{P}^n \setminus \mathbb{A}^n$ besteht aus den Schnittpunkten „paralleler" Geraden in $\mathbb{A}^n$. Also ist $\hat{F}$ semiprojektiv.

Den allgemeinen Fall führen wir auf den eben diskutierten Spezialfall zurück. Jede Kollineation $\hat{F}$ von $\mathbb{P}^n$ hat die Eigenschaft, nicht nur Geraden auf Geraden, sondern allgemein k-dimensionale projektive Unterräume wieder auf k-dimensionale projektive Unterräume abzubilden, wie man leicht durch Induktion über k zeigt (Übung 18). Insbesondere wird die Fernhyperebene $\mathbb{P}^{n-1} = [\mathbb{K}^n]$ wieder auf eine projektive Hyperebene $[W] \subset \mathbb{P}^n$ abgebildet (wobei $W \subset \mathbb{K}^{n+1}$ eine lineare Hyperebene, einen Untervektorraum der Kodimension Eins bezeichnet). Wir wählen dann eine umkehrbare lineare Abbildung A auf $\mathbb{K}^{n+1}$ mit $A(\mathbb{K}^n) = W$; die zugehörige projektive Abbildung $\hat{A} = [A]$ überführt dann $\mathbb{P}^{n-1}$ in $[W]$. Die Abbildung $\hat{F}_o = \hat{A}^{-1}\hat{F}$ ist wieder eine Kollineation auf $\mathbb{P}^n$, und zusätzlich lässt $\hat{F}_o$ die Fernhyperebene $\mathbb{P}^{n-1}$ invariant: Die Abbildung $\hat{F}$ überführt $\mathbb{P}^{n-1}$ nach $[W]$, und $\hat{A}^{-1}$ bildet $[W]$ wieder auf $\mathbb{P}^{n-1}$ ab. Damit fällt $\hat{F}_o$ unter den eingangs diskutierten Spezialfall und ist daher semiprojektiv. Damit ist auch $\hat{F} = \hat{A}\hat{F}_o$ als Komposition semiprojektiver Abbildungen semiprojektiv. $\square$

Bemerkung

1. Über $\mathbb{R}$ sind semi-projektive und projektive Abbildungen dasselbe, weil $\mathbb{R}$ ja keine (stetigen) Automorphismen zulässt.

2. Mit einem ähnlichen Argument können wir auch die folgende lokale Version beweisen:

   Sind $U_1, U_2 \subset \mathbb{R}^n \subset \mathbb{R}P^n$ offene Mengen und $F : U_1 \to U_2$ eine geradentreue und umkehrbar stetige Abbildung, dann ist F Einschränkung einer projektiven Abbildung.

   Wir betrachten dazu eine Hyperebene $H_1 \subset \mathbb{R}^n$, die U_1 schneidet. Das Bild $F(H_1 \cap U_1)$ liegt wegen der Geradentreue in einer anderen Hyperebene H_2, die U_2 schneidet. Wir wählen dann zwei projektive Abbildungen F_1, F_2 auf $\mathbb{P}^n$, die H_1, H_2 auf die Fernhyperebene $\mathbb{P}^{n-1}$ abbilden. Die Komposition $\tilde{F} = F_2^{-1} F F_1$, definiert auf der offenen Teilmenge[13] $\tilde{U}_1 = F_1^{-1}(U_1) \subset \mathbb{P}^n$, ist dann auf $\tilde{U}_1 \cap \mathbb{A}^n$ parallelentreu und damit Einschränkung einer affinen Abbildung, siehe die Bemerkung nach Satz 2.1. Also ist $F = F_2 \tilde{F} F_1^{-1}$ Einschränkung einer projektiven Abbildung (einer Komposition projektiver Abbildungen).

3. Ein entsprechender Satz mit analogem Beweis gilt auch für geradentreue, aber nicht mehr bijektive Abbildungen F zwischen projektiven Räumen unterschiedlicher Dimension. Allerdings sind nicht-injektive semiprojektive Abbildungen $F = [F_o]$ nicht mehr auf ganz $\mathbb{P}^n$ definiert: Der Kern der zugehörigen semilinearen Abbildung F_o wird ja auf den Ursprung abgebildet, und $[F_o][v] = [F_o v]$ ist nicht definiert, falls $F_o v = 0$.

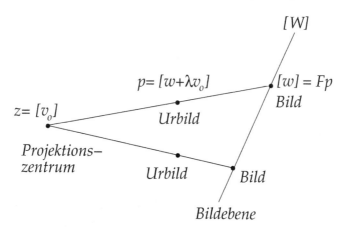

---

[13]Der reell projektive Raum $\mathbb{R}P^n$ besitzt eine *Metrik*, einen Abstandsbegriff: Elemente von $\mathbb{R}P^n$ sind Geraden durch den Ursprung 0, und als Abstand von zwei Geraden werden wir den Winkel zwischen ihnen wählen. Eine Teilmenge $U \subset \mathbb{R}P^n$ ist *offen*, wenn mit jedem $[v] \in U$ ein Ball $B_\epsilon([v]) = \{[w]; \angle(v, w) < \epsilon\}$ ganz in U liegt.

Ein anschauliches Beispiel ist die *Zentralprojektion* auf eine Hyperebene $[W] \subset \mathbb{P}^n$ durch ein Zentrum $z = [v_o] \in \mathbb{P}^n \setminus [W]$, wobei das Bild eines Punktes $p \in \mathbb{P}^n \setminus \{[v_o]\}$ der Schnitt der Geraden pz mit der Hyperebene $[W]$ ist. Die zugehörige semilineare Abbildung F_o ist sogar linear: Es ist die Projektion auf die W-Komponente in der direkten Zerlegung $\mathbb{K}^{n+1} = W \oplus \mathbb{K}v_o$, also $F_o(w + \lambda v_o) = w$; in der Tat ist das Bild von $[F_o]$ in $[W]$ enthalten, und die drei Punkte $[w + \lambda v_o]$, $[w]$, $[v_o]$ (Urbild, Bild, Projektionszentrum) liegen auf einer gemeinsamen Geraden, wie es sein soll. Der Kern von F_o ist der eindimensionale Untervektorraum $\mathbb{K}v_o$, und tatsächlich ist ja die Zentralprojektion im Zentrum $[v_o]$ nicht definierbar.

3.5   Der Satz von Desargues

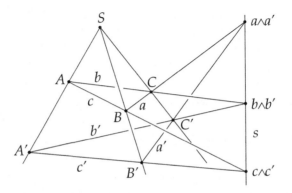

Satz 3.3 (Desargues) *In der projektiven Ebene $\mathbb{P}^2$ (über einem beliebigen Körper $\mathbb{K}$, sogar über einem Schiefkörper) seien zwei Dreiecke ABC und $A'B'C'$ gegeben mit der Eigenschaft, dass die Geraden AA', BB' und CC' durch einen gemeinsamen Punkt S gehen. Dann liegen die drei Schnittpunkte der einander entsprechenden Dreiecksseiten, der drei Geradenpaare $c = AB$ und $c' = A'B'$, $b = AC$ und $b' = A'C'$, $a = BC$ und $a' = B'C'$, auf einer gemeinsamen Geraden s.*

Beweis 1 (mit Abbildungsgeometrie) Mit Hilfe einer projektiven Abbildung können wir die Gerade s durch die Punkte $c \wedge c'$ und $b \wedge b'$ zur Ferngeraden machen. Dann sind wir in der affinen Ebene, und die Geradenpaare c, c' sowie b, b' sind parallel, da sie sich ja auf der Ferngeraden treffen.

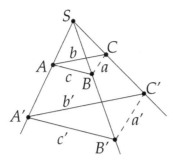

Somit entsteht das Dreieck $A'B'C'$ aus dem Dreieck ABC durch zentrische Streckung mit Zentrum S, Daher ist auch das dritte Geradenpaar a, a' parallel, d. h. die Geraden a und a' schneiden sich auf der Ferngeraden. Durch Rücktransformation, die die Ferngerade wieder auf s abbildet, folgt die Behauptung. □

Beweis 2 (mit räumlicher Geometrie) Wir können die Desargues-Figur als Projektion einer räumlichen Figur ansehen, wobei wir uns z. B. vorstellen, dass die mittlere Gerade BB' weiter vorn liegt als AA' und CC'. Die beiden Dreiecke ABC und $A'B'C'$ definieren nun zwei unterschiedliche Ebenen E und E' im Raum $\mathbb{P}^3$, die sich stets in einer Geraden s schneiden.[14]

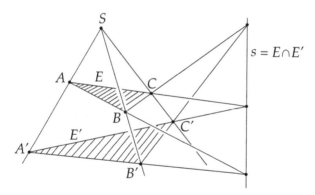

Die Seiten der beiden Dreiecke liegen in den jeweiligen Ebenen, ihre Schnittpunkte (wenn sie existieren) also auf $s = E \cap E'$. Zwei Geraden im Raum schneiden sich allerdings nur dann, wenn sie in derselben Ebene liegen; das ist jedoch für einander entsprechende Seiten der beiden Dreiecke der Fall; z. B. liegen $c = AB$ und $c' = A'B'$ in der von den Strahlen AA' und BB' aufgespannten Ebene durch S. □

---

[14]Das ist der Dimensionssatz für Untervektorräume $U, U' \subset V$: Ist $V = U + U'$, so ist $\dim(U \cap U') = \dim U + \dim U' - \dim V$. In unserem Fall $E = [U]$ und $E' = [U']$ ist $\dim U = \dim U' = 3$ und daher $\dim U \cap U' = 3 + 3 - 4 = 2$, also ist $[U \cap U']$ eine projektive Gerade.

Bemerkung Interessant an dem Beweis 2 ist, dass er nur Inzidenz verwendet, allerdings in Dimension 3. Wenn man die ebene projektive Geometrie axiomatisch beschreibt,[15] so lässt sich der Satz von Desargues nicht aus diesen Axiomen herleiten, aber in der räumlichen[16] Geometrie folgt er aus den Axiomen; dies ist ein erneutes Beispiel für unsere schon früher gemachte Beobachtung (Fußnote 4 im Kap. 2), dass die Geometrie in höheren Dimensionen einfacher wird. Wenn sich also eine (axiomatisch definierte) projektive Ebene zu einem projektiven Raum erweitern lässt, ist sie eine *Desargues-Ebene*, d. h. außer den üblichen Axiomen gilt auch der Satz von Desargues. Damit stehen uns die zentrischen Streckungen, d. h. die Multiplikation mit Skalaren (vgl. Abschn. 2.1) zur Verfügung, und somit haben wir den Skalarkörper der Linearen Algebra geometrisch rekonstruiert. Daher gilt der Satz:

Jede Desargues-Ebene ist von der Form $\mathbb{K}\mathbb{P}^2$ für einen Körper oder Schiefkörper $\mathbb{K}$. Jeder (axiomatisch definierte) projektive Raum ist von der Form $\mathbb{K}\mathbb{P}^n$, $n \geq 3$.

Es gibt projektive Ebenen *ohne* die Desargues-Eigenschaft.[17] Das interessanteste Beispiel ist die projektive Ebene $\mathbb{O}\mathbb{P}^2$ über der *Oktavenalgebra* $\mathbb{O}$: Ähnlich wie die komplexen Zahlen $\mathbb{C}$ als Paare reeller Zahlen $(a, b) = a + bi$ mit der Multiplikation $(a, b)(c, d) = (ac - bd, ad + bc)$ darstellbar sind, kann man die *Quaternionen* $\mathbb{H}$ als Paare komplexer Zahlen mit der Multiplikation $(a, b)(c, d) = (ac - b\bar{d}, ad + b\bar{c})$ und die *Oktaven* $\mathbb{O}$ als Paare von Quaternionen mit der Multiplikation $(a, b)(c, d) = (ac - \bar{d}b, da + b\bar{c})$ definieren. Bei jedem dieser drei Prozesse muss man vertraute Rechenregeln aufgeben: In $\mathbb{C}$ gibt es keine Anordnung mehr, in $\mathbb{H}$ geht die Kommutativität verloren und in $\mathbb{O}$ die Assoziativität. Noch einmal lässt sich der Prozess nicht durchführen, ohne die Division zu zerstören; die Oktaven bilden daher die unwiderruflich letzte Zahlbereichserweiterung.[18] Wegen der mangelnden Assoziativität lässt sich kein projektiver (oder affiner) Raum über den Oktaven mehr definieren; die übliche Lineare Algebra gilt nicht mehr über den Oktaven. Was aber davon noch übrig bleibt, reicht gerade zu einer projektiven Ebene über $\mathbb{O}$ aus. In dieser gilt der Satz von Desargues nicht; sie lässt sich nicht zu einem projektiven Raum erweitern. Die rudimentäre Lineare Algebra über $\mathbb{O}$ ist auch für die Existenz der sog. *Ausnahmegruppen* G_2, F_4, E_6, E_7, E_8 verantwortlich, die sich anders als die *klassischen* Gruppen

---

[15] (1) Durch je zwei Punkte geht genau eine Gerade.

(2) Zwei Geraden schneiden sich in genau einem Punkt.

(3) Jede Gerade enthält ≥ 3 Punkte und durch jeden Punkt gehen ≥ 3 Geraden.

[16] Im Raum muss Axiom (2) durch den Zusatz „zwei Geraden in einer gemeinsamen Ebene" ergänzt werden, um „windschiefe" Geraden, die nicht in derselben Ebene liegen, auszuschließen; solche Geraden schneiden sich ja nicht.

[17] Vgl. Salzmann et al.: *Compact Projective Planes,* de Gruyter 1995.

[18] Vgl. „Zahlen" [6] oder „Sternstunden der Mathematik" [12], Kap. 10.

$GL(n)$, $O(n)$, $U(n)$, $Sp(n)$ nicht in eine unendliche Serie einfügen lassen; die (nichtkompakte Version der) Gruppe E_6 zum Beispiel ist die Kollineationsgruppe von $\mathbb{OP}^2$. Viele Physiker sind davon überzeugt, dass die größte und geheimnisvollste dieser Gruppen, die E_8, wesentlich für die Struktur unserer materiellen Welt verantwortlich ist.[19]

3.6   Kegelschnitte und Quadriken; Homogenisierung

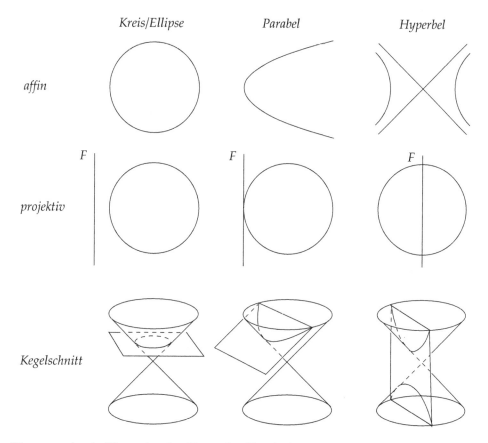

Wenn man im dreidimensionalen Raum den Kegel über einer Kreislinie mit einer Ebene schneidet,[20] so erhält man je nach Lage der Ebene drei Sorten von Schnittlinien („Kegelschnitte"): Ellipsen (als Sonderfall Kreise), Parabeln und Hyperbeln, dazu als Sonderfälle bei sehr speziellen Lagen auch Punkte, Geraden und Geradenpaare. Lassen wir die Sonderfälle außer Betracht, so bleiben Ellipsen, Parabeln und Hyperbeln. Diese drei

---

[19] Siehe z. B. www.focus.de/wissen/weltraum/odenwalds_universum/tid-17038/.
[20] Man kann zum Beispiel den Lichtkegel einer Lampe auf eine Wand fallen lassen.

Kegelschnitt-Arten sind affin unterschiedlich: Wir können durch keine *affine* Abbildung der Ebene eine Ellipse in eine Parabel oder Hyperbel verwandeln, schon weil die Ellipse geschlossen ist und die Hyperbel in zwei Teile („Äste") zerfällt. Aber es gibt *projektive* Abbildungen, die dies tun, wobei wir die affine Ebene zur projektiven erweitern müssen. In der projektiven Ebene sind die drei Kegelschnitte gleichartige Figuren, nämlich einfach geschlossene Linien, nur die Ferngerade verläuft in den drei Fällen unterschiedlich: Die Ellipse schneidet sie nicht, die Parabel berührt sie und die Hyperbel schneidet sie in zwei Punkten. Die Parabel lässt sich also durch *einen* Fernpunkt (die Richtung der Achse) und die Hyperbel durch *zwei* Fernpunkte (die Richtungen der beiden Asymptoten) zu einer geschlossenen Linie ergänzen.

Genau genommen sagt das bereits der Begriff „Kegelschnitt". Wenn wir die Kegelspitze in den Ursprung $0 \in \mathbb{R}^3$ legen, dann ist der Kegel die Vereinigung einer Schar von Geraden durch 0 (den *Mantellinien* oder *Erzeugenden* des Kegels). Aber Geraden durch 0 sind Punkte der projektiven Ebene; der Kegel kann demnach als eine Schar von Punkten in $\mathbb{P}^2$, also als eine *Kurve* $C \subset \mathbb{P}^2$ angesehen werden, und diese Kurve C ist das gemeinsame Objekt, „der" Kegelschnitt. Ellipse, Parabel und Hyperbel sind lediglich der affine Anteil von C bei verschiedenen Lagen der Ferngeraden F in $\mathbb{P}^2$.

Wie können wir diese geometrischen Beobachtungen *analytisch* (mit Hilfe von Formeln) beschreiben und damit auf beliebige Dimensionen und für beliebige Körper $\mathbb{K}$ verallgemeinern? Analytisch gesehen ist ein (affiner) Kegelschnitt C_a die Lösungsmenge einer quadratischen Gleichung in zwei Variablen x und y, also $C_a = \{(x, y); ax^2 + bxy + cy^2 + dx + ey + f = 0\}$. Gehen wir von zwei Variablen x und y zu n Variablen $x_1, \ldots, x_n$ über (die wir zu einer vektorwertigen Variablen $x = (x_1, \ldots, x_n)$ zusammenfassen), so lautet die allgemeine quadratische Gleichung: $q(x) = 0$, wobei q für einen beliebigen quadratischen Ausdruck in den Koordinaten $x_1, \ldots, x_n$ steht:

$$q(x) = \sum_{i,j=1}^{n} a_{ij} x_i x_j + \sum_{i=1}^{n} b_i x_i + c. \tag{3.9}$$

Die Lösungsmenge einer quadratischen Gleichung in n Variablen,

$$Q_a = \{x \in \mathbb{K}^n; \ q(x) = 0\} \tag{3.10}$$

heißt eine affine *Quadrik*. In der Linearen Algebra lernt man, dass man die quadratische Gleichung $q(x) = 0$ durch affine Substitutionen $x = A\tilde{x} + a$ wesentlich vereinfachen und auf wenige Standardgleichungen *(Normalformen)* reduzieren kann; für $n = 2$ und $\mathbb{K} = \mathbb{R}$ sind die drei wichtigsten Fälle die Gleichungen von Kreis, $x^2 + y^2 - 1 = 0$, Hyperbel, $x^2 - y^2 - 1 = 0$ und Parabel, $x^2 - y = 0$.

Wie können wir eine Quadrik vom affinen in den projektiven Raum fortsetzen? Dazu müssen wir uns das Polynom q in (3.9) etwas näher ansehen. Wir zerlegen q in seine drei Anteile $q = q_2 + q_1 + q_0$: den quadratischen Teil $q_2(x) = \sum_{ij} a_{ij} x_i x_j$, den linearen $q_1(x) = \sum_i b_i x_i$ und den konstanten $q_0 = c$. Die drei Anteile verhalten sich offensichtlich unterschiedlich, wenn wir x durch ein Vielfaches λx ersetzen: $q_k(\lambda x) = \lambda^k q_k(x)$ für $k = 2, 1, 0$. Allgemein heißt eine Funktion $f : \mathbb{K}^n \to \mathbb{K}$ mit $f(\lambda x) = \lambda^k f(x)$ *homogen vom Grad k*; die Anteile q_0, q_1, q_2 unseres quadratischen Polynoms q sind demnach homogen vom Grad 0, 1, 2. Jedes Polynom ist Summe von homogenen Polynomen.

Wir betrachten $\mathbb{K}^n$ nun als affinen Anteil $\mathbb{A}^n = \{[x, 1]; \ x \in \mathbb{K}^n\}$ des projektiven Raums $\mathbb{P}^n$ und setzen $Q_a = \{[x, 1]; \ q(x) = 0\}$. Für einen Punkt $[x, \xi]$ mit $\xi \neq 0$, also $[x, \xi] = [\frac{x}{\xi}, 1] \in \mathbb{A}^n \subset \mathbb{P}^n$ gilt also: $[x, \xi] \in Q_a \iff 0 = q(\frac{x}{\xi}) = q_2(\frac{x}{\xi}) + q_1(\frac{x}{\xi}) + q_0(\frac{x}{\xi}) = \frac{1}{\xi^2}q_2(x) + \frac{1}{\xi}q_1(x) + q_0(x) \iff q_2(x) + \xi q_1(x) + \xi^2 q_0(x) = 0$. Die linke Seite der letzten Gleichung, der Ausdruck

$$\hat{q}(x, \xi) := q_2(x) + \xi q_1(x) + \xi^2 q_0(x),$$

ist ein homogenes Polynom vom Grad 2 in den $n + 1$ Variablen $x_1, \ldots, x_n, \xi$, und die Gleichung $\hat{q}(x, \xi) = 0$ ergibt auch noch für $\xi = 0$ und damit für alle $[x, \xi] \in \mathbb{P}^n$ einen Sinn. Damit haben wir die projektive Fortsetzung, den *projektiven Abschluss* Q von Q_a gefunden:

$$Q = \{[\hat{x}] \in \mathbb{P}^n; \ \hat{q}(\hat{x}) = 0\}. \tag{3.11}$$

Diesen Übergang von q zu $\hat{q}$ nennt man *Homogenisierung*: Aus einem Polynom f vom Grad d in n Variablen wird ein homogenes Polynom $\hat{f}$ vom selben Grad d in $n+1$ Variablen. Dazu zerlegt man f zuerst in seine homogenen Bestandteile, $f = \sum_{k=0}^{d} f_k$, wobei f_k homogen vom Grad k ist. Dann multipliziert man f_k mit der $(d - k)$-ten Potenz einer neuen Variablen ξ oder x_{n+1} und erhält ein Polynom $\hat{f}$ in $n + 1$ Veränderlichen, die wir zu einer $\mathbb{K}^{n+1}$-wertigen Variablen $\hat{x} = (x_1, \ldots, x_{n+1})$ zusammenfassen:

$$\hat{f}(\hat{x}) = \sum_{k=0}^{d} (x_{n+1})^{d-k} f_k(x_1, \ldots, x_n).$$

In der Tat ist $\hat{f}$ homogen vom Grad d, denn $\hat{f}(\lambda \hat{x}) = \sum_k (\lambda x_{n+1})^{d-k} f_k(\lambda x) = \lambda^d f(\hat{x})$. Beispiel $n = d = 2$: Für $f(x, y) = x^2 + 2xy - y^2 + 2x - 1$ ist $\hat{f}(x, y, z) = x^2 + 2xy - y^2 + 2xz - z^2$.

Nun können wir die Nullstellenmenge $N_a = \{x \in \mathbb{K}^n; \ f(x) = 0\}$ von f „projektiv abschließen" zu $N = \{[\hat{x}] \in \mathbb{P}^n; \ \hat{f}(\hat{x}) = 0\}$. Wegen der Homogenität von $\hat{f}$ ist diese Menge „wohldefiniert": Die Gültigkeit der Gleichung $\hat{f}(\hat{x}) = 0$ hängt nicht davon ab, welchen Vertreter der Äquivalenzklasse $[\hat{x}]$ wir wählen, denn für jeden Skalar $\lambda \neq 0$ gilt

$$\hat{f}(\lambda \hat{x}) = \lambda^d \hat{f}(\hat{x}) = 0 \iff \hat{f}(\hat{x}) = 0.$$

Außerdem ist $N \cap \mathbb{A}^n = N_a$, da $\hat{f}(x, 1) = f(x)$ für alle $x \in \mathbb{K}^n$.

In Übung 19 sehen wir direkt, dass die projektiven Abschlüsse von Ellipse, Parabel und Hyperbel projektiv äquivalent sind. Hier zeigen wir das allgemeine Resultat:

Satz 3.4 *Jede Quadrik $Q \subset \mathbb{P}^n$ ist projektiv äquivalent zu der Lösungsmenge von einer der Gleichungen*

$$\sum_{i=1}^{m} \epsilon_i x_i^2 = 0 \qquad\qquad (3.12)$$

für Zahlen $\epsilon_1, \ldots, \epsilon_m \in \mathbb{K}^*$ und $0 \leq m \leq n+1$. Für $\mathbb{K} = \mathbb{R}$ kann man alle $\epsilon_i = \pm 1$ wählen, für $\mathbb{K} = \mathbb{C}$ sogar $\epsilon_i = 1$ für alle $i = 1, \ldots, m$.

Beweis Es sei $V = \mathbb{K}^{n+1}$ und $Q = \{[x] \in \mathbb{P}^n;\ q(x) = 0\}$ für ein homogenes quadratisches Polynom *(quadratische Form)* q (wir verzichten jetzt auf die Bezeichnung $\hat{q}$ und $\hat{x}$). Wir müssen zeigen, dass es eine invertierbare lineare Abbildung A auf V gibt mit $q(A(x)) = \sum_i \epsilon_i x_i^2$. Das ist aus der Linearen Algebra bekannt: Zu q gehört eine symmetrische Bilinearform $\beta : V \times V \to \mathbb{K}$ mit $q(x) = \beta(x, x)$, die man durch *Polarisierung* erhält: Mit $\beta(x + y, x + y) = \beta(x, x) + \beta(y, y) + 2\beta(x, y)$ ist[21]

$$2\beta(x, y) = q(x + y) - q(x) - q(y).$$

Wir zeigen durch Induktion über n, dass es eine Basis $b_1, \ldots, b_{n+1}$ gibt mit $\beta(b_i, b_j) = 0$ für $i \neq j$. Man sucht dazu nur einen Vektor b mit $q(b) \neq 0$ (den gibt es, weil $q \neq 0$) und setzt $V' = \{x \in V;\ \beta(x, b) = 0\}$. Dieser Untervektorraum hat eine Dimension weniger (n statt $n + 1$), also gibt es nach Induktionsvoraussetzung eine Basis $b_1, \ldots, b_n$ von V' mit $\beta(b_i, b_j) = 0$ für $i \neq j$. Die gesuchte Basis von V erhalten wir durch Hinzufügen von $b_{n+1} := b$. (Der Induktionsanfang bei $n = 0$ ist trivial.) Wählt man nun A als die lineare Abbildung mit $A(e_i) = b_i$, also $A = (b_1, \ldots, b_{n+1})$ als Matrix, dann ist $q(Ax) = q(A(\sum_i x_i e_i)) = q(\sum_i x_i b_i) = \beta(\sum_i x_i b_i, \sum_j x_j b_j) = \sum_{ij} x_i x_j \beta(b_i, b_j) = \sum_i \epsilon_i x_i^2$ mit $\epsilon_i = \beta(b_i, b_i) = q(b_i)$. Wenn man jetzt noch alle Summanden weglässt, für die $\epsilon_i = 0$ ist, und die Koordinaten entsprechend umnummeriert, erhält man die Normalform (3.12). Wenn $\mathbb{K} = \mathbb{C}$ ist, kann man aus ϵ_i eine Quadratwurzel ziehen und für $i = 1, \ldots, m$ die Basiselemente umnormieren zu $\tilde{b}_i = b_i / \sqrt{\epsilon_i}$, also $\tilde{\epsilon}_i := q(\tilde{b}_i) = 1$. Für $\mathbb{K} = \mathbb{R}$ kann man wenigstens noch die Quadratwurzel aus $|\epsilon_i|$ ziehen, und für $\tilde{b}_i = b_i / \sqrt{|\epsilon_i|}$ gilt $\tilde{\epsilon}_i = q(\tilde{b}_i) = \pm 1$. $\qquad\square$

Korollar 3.5 *In $\mathbb{R}\mathbb{P}^n$ gibt es (bis auf projektive Äquivalenz) $[\frac{n+1}{2}]$ nicht-ausgeartete Quadriken (d. h. solche mit $m = n+1$), für $n = 2$ also eine (mit der Gleichung $x^2 + y^2 - z^2 = 0$), für $n = 3$ zwei (mit den Gleichungen $x^2 + y^2 + z^2 - w^2 = 0$ und $x^2 + y^2 - z^2 - w^2 = 0$).*

Beweis Die Normalform der quadratischen Gleichung ist $\pm(x_1)^2 \pm \ldots \pm (x_{n+1})^2 = 0$. Wenn wir die Koordinaten so umordnen, dass die negativen Terme zuletzt kommen, gibt es $n + 2$ Möglichkeiten (0 negative Terme bis $n + 1$ negative Terme). Da wir die ganze Gleichung aber mit -1 durchmultiplizieren können, dürfen wir annehmen, dass es nicht mehr negative

---

[21] Hier müssen wir wieder einmal char$(\mathbb{K}) \neq 2$ voraussetzen, sonst ist ja $2\beta(x, y) = 0$.

als positive Terme gibt. Außerdem besitzt die Gleichung mit ausschließlich positiven (oder ausschließlich negativen) Termen nur die Null-Lösung, der kein Punkt in $\mathbb{P}^n$ entspricht; die Lösungsmenge dieser Gleichung in $\mathbb{P}^n$ ist also leer. Es bleiben die angegebenen Fälle. $\square$

In Abschn. 3.9 werden wir ein konstruktives Verfahren zur Bestimmung von Quadriken in $\mathbb{P}^n$ kennenlernen.

Wir wollen uns noch die beiden Quadriken Q_1 und Q_2 in $\mathbb{RP}^3$ etwas genauer ansehen. Die Quadrik Q_1 mit der Gleichung $x^2 + y^2 + z^2 = w^2$ ist eine Kugelfläche: Man kann $w \neq 0$ annehmen, also $w = 1$ setzen, denn aus $w = 0$ würde $x = y = z = 0$ folgen; die Quadrik schneidet also die Fernebene $\{w = 0\}$ nicht und liegt daher ganz im affinen Teil $\mathbb{A}^3$. Die andere Quadrik Q_2 mit der Gleichung $x^2 + y^2 - z^2 = w^2$ hat als affinen Anteil das einschalige Hyperboloid $x^2 + y^2 - z^2 = 1$ und schneidet die Fernebene $\mathbb{P}^2 = \{w = 0\}$ in dem Kreis $x^2 + y^2 = z^2$ (in $\mathbb{P}^2$ muss man die letzte Koordinate z gleich eins setzen, um die Kreisgleichung zu sehen). Alle übrigen nicht ausgearteten affinen Quadriken sind zu einer dieser beiden projektiv äquivalent. Zum Beispiel ist das zweischalige Hyperboloid $x^2 - y^2 - z^2 = 1$ zu Q_1 äquivalent: Homogenisieren der Gleichung ergibt $x^2 - y^2 - z^2 - w^2 = 0$, also $y^2 + z^2 + w^2 = x^2$; das ist die Gleichung von Q_1 bei vertauschten Rollen von w und x. Die Fernebene $\{w = 0\}$ schneidet diese Quadrik in dem „Kreis" $x^2 = y^2 + z^2$ und zerlegt sie in zwei Teile, die beiden Schalen des zweischaligen Hyperboloids.

Wir wollen uns die Quadrik Q_2 noch näher ansehen, wobei der Körper $\mathbb{K}$ jetzt wieder beliebig sein darf. Wir haben gesehen, dass der affine Teil von Q_2 das einschalige Hyperboloid ist, auf dem bekanntlich zwei Scharen von Geraden verlaufen.

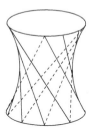

Das können wir projektiv besonders einfach erkennen: Die Gleichung von Q_2 ist $x^2 - z^2 = w^2 - y^2$, also $(x + z)(x - z) = (w + y)(w - y)$. Die vier Ausdrücke $x \pm z$, $w \pm y$ können wir als neue Koordinaten s, t, u, v wählen; die Koordinatentransformation ist eine invertierbare lineare Abbildung, gibt also eine projektive Abbildung. Die Gleichung von Q_2 wird damit zu

$$st = uv.$$

Spezielle Lösungen sind $s/u = v/t = \alpha$ und ebenso $s/v = u/t = \beta$ für Konstanten α, $\beta \in \hat{\mathbb{K}} = \mathbb{K} \cup \{\infty\}$. Das sind jeweils zwei lineare Gleichungen, die einen zweidimensionalen Untervektorraum von $\mathbb{K}^4$ und damit eine Gerade in $\mathbb{P}^3$ beschreiben. Die Zahlen α und β

parametrisieren also zwei Scharen von Geraden, die ganz auf Q_2 liegen, weil ja alle ihre Punkte die Gleichung von Q_2 erfüllen.

Bemerkung Wir können $\hat{\mathbb{K}}$ mit $\mathbb{P}^1$ identifizieren mit Hilfe der Abbildung

$$\mathbb{P}^1 \to \hat{\mathbb{K}}, \ [\alpha_1, \alpha_2] \mapsto \alpha = \alpha_1/\alpha_2. \tag{3.13}$$

Damit lässt sich die Quadrik $Q_2 \subset \mathbb{P}^3$ mit $\mathbb{P}^1 \times \mathbb{P}^1$ identifizieren, und zwar durch die bijektive Abbildung $s : \mathbb{P}^1 \times \mathbb{P}^1 \to Q_2$,

$$s([\alpha_1, \alpha_2], [\beta_1, \beta_2]) = [s, t, u, v] := [\alpha_1\beta_1, \alpha_2\beta_2, \alpha_2\beta_1, \alpha_1\beta_2], \tag{3.14}$$

die *Segre-Einbettung*.[22] Das Bild von s liegt tatsächlich in Q_2, denn die Gleichung $st = uv$ ist erfüllt, weil $\alpha_1\beta_1\alpha_2\beta_2 = \alpha_2\beta_1\alpha_1\beta_2$. Offensichtlich erhalten wir eine Gerade, wenn wir das erste Argument $[\alpha_1, \alpha_2]$ konstant setzen, und es ist die erste der beiden oben beschriebenen Geradenscharen $\alpha = const$, denn $s/u = v/t = \alpha_1/\alpha_2$. Setzen wir dagegen das zweite Argument $[\beta_1, \beta_2]$ konstant, so ergibt sich die zweite Geradenschar $\beta = const$.

3.7 Der Satz von Brianchon

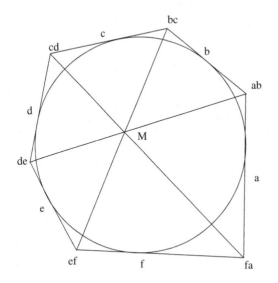

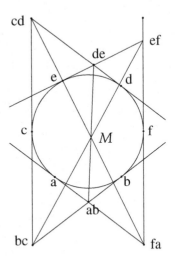

---

[22]Beniamino Segre, 1903 (Turin) – 1977 (Frascati).

Satz 3.6 von Brianchon[23] *In der projektiven Ebene* $\mathbb{P}^2$ *schneiden sich die drei Diagonalen eines Sechsecks, dessen Seiten Tangenten eines Kegelschnitts sind, in einem gemeinsamen Punkt.*

Beweis Der Beweis ähnelt dem zweiten Beweis des Satzes von Desargues: Er stellt das Tangentensechseck des Kegelschnitts als Projektion einer räumlichen Figur dar. Diese Figur besteht aus Geraden auf einem einschaligen Hyperboloid. Am einfachsten ist es, wenn man den Kegelschnitt durch eine projektive Abbildung zunächst auf den Kreis $K = \{(x, y);\ x^2 + y^2 = 1\}$ in der affinen Ebene E transformiert und darüber das einschalige Hyperboloid $H = \{(x, y, z);\ x^2 + y^2 - z^2 = 1\}$ im affinen xyz-Raum R betrachtet. Die Tangentialebene von H in jedem Punkt $P = (x, y, 0) \in K = H \cap E$ ist vertikal (parallel zur z-Achse in R), und sie enthält sowohl die Tangente an K in P als auch die beiden Geraden $t \mapsto (x + ty, y - tx, \pm t)$ durch P, welche ganz auf H verlaufen (vgl. Abschn. 3.6 und Übung 23). Beide Geraden werden auf die Kreistangente projiziert; wir nennen sie *aufsteigende* und *absteigende* Geraden. Wir ersetzen nun das ebene Sechseck durch ein räumliches, das abwechselnd aus aufsteigenden und absteigenden Geraden auf H besteht und auf das gegebene Sechseck projiziert wird.

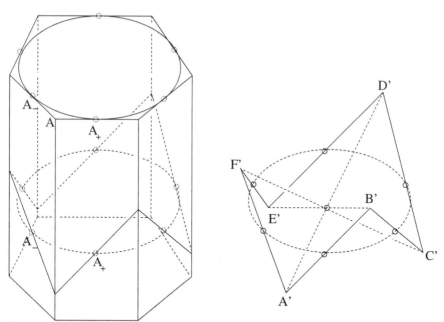

Da jeder Eckpunkt A des Tangentensechsecks von den Berührpunkten $A_+, A_- \in K$ der beiden Tangenten gleich weit entfernt ist, treffen sich die aufsteigende Gerade durch A_+ und die absteigende Gerade durch A_- auf gleicher Höhe z über dem Eckpunkt A in einem

---

[23]Charles Julien Brianchon, 1783 (Sèvres bei Paris) – 1864 (Versailles).

gemeinsamen Punkt A'. Wir nennen die Eckpunkte des Tangentensechsecks $A, \ldots, F$, und die darüber oder darunter liegenden Eckpunkte des räumlichen Sechsecks seien $A', \ldots, F'$. Wir müssen zeigen, dass die Diagonalen des räumlichen Sechsecks, $A'D'$ und $B'E'$ und $C'F'$, sich in einem gemeinsamen Punkt treffen; dann gilt das Gleiche auch für die Diagonalen des ebenen Sechsecks. Doch mit dem räumlichen Sechseck haben wir uns ein neues Problem eingehandelt, das es beim ebenen Sechseck noch gar nicht gab: Im Raum ist ja nicht einmal klar, dass sich wenigstens zwei der drei Diagonalen treffen! Aber die Lösung dieses neuen Problems wird die eigentliche Aufgabe, einen gemeinsamen Schnittpunkt aller drei Diagonalen zu finden, gleich mitlösen. Warum also schneiden sich die Diagonalen $A'D'$ und $B'E'$? Weil sie in einer Ebene liegen! Da sich auf- und absteigende Geraden stets schneiden (möglicherweise in der Fernebene!), haben auch $A'B'$ und $D'E'$ einen Schnittpunkt, denn eine dieser Geraden ist aufsteigend, die andere absteigend. Also sind die vier Punkte A', B', D', E' komplanar (in einer gemeinsamen Ebene enthalten), und auch die fraglichen Geraden $A'D'$ und $B'E'$ liegen in dieser Ebene und müssen sich daher schneiden. Ebenso schneiden sich die Geradenpaare $B'E'$ und $C'F'$ sowie $C'F'$ und $D'A'$. Wenn die drei Schnittpunkte verschieden sind, bilden sie ein ebenes Dreieck, und alle Punkte und Geraden sind komplanar. Das kann aber nicht sein, denn die Eckpunkte des räumlichen Sechsecks liegen nicht in der Ebene E von K. Also müssen alle drei Diagonalen durch denselben Punkt gehen.   □

Wir müssen einige Argumente des Beweises noch etwas genauer ansehen. Warum z. B. schneiden sich beliebige auf- und absteigende Geraden? In der vorstehenden Figur folgt das aus Symmetriegründen: Die Spiegelung an der vertikalen Ebene durch A und die z-Achse vertauscht A_+ mit A_- und vertauscht auch die zugehörigen Tangenten an K; diese schneiden sich in A in gleichem Abstand von $A_\pm$. Die darauf projizierten Geraden auf dem Hyperboloid, die mit Steigung 1 auf- oder absteigen, müssen sich deshalb in einem Punkt auf der vertikalen Geraden durch A treffen. Nur wenn A_+ und A_- gegenüberliegende Punkte des Kreises K sind, $A_- = -A_+$, schneiden sich die beiden Tangenten nicht, sondern sie sind parallel, und das Gleiche gilt für die darauf projizierten auf- und absteigenden Geraden. Parallele Geraden liegen aber ebenfalls in einer gemeinsamen Ebene, und in der projektiven Erweiterung schneiden sie sich sogar, nämlich in einem Punkt der Fernebene. Diese Argumente sind für jeden Körper gültig, wobei das Abstandsquadrat durch die Quadratsumme der Koordinaten zu ersetzen ist.

Deutlicher wird die algebraische Struktur, wenn wir gleich zum projektiven Modell des einschaligen Hyperboloids übergehen, zu der Quadrik $Q = \{[s, t, u, v]; \ st = uv\}$, auf der ja die Geraden $s/u = v/t = \lambda$ und $s/v = u/t = \mu$ liegen (siehe Abschn. 3.6). Geben wir $\lambda, \mu \in \mathbb{K} \cup \{\infty\}$ beliebig vor, so finden wir eine Lösung (s, t, u, v) für alle vier Gleichungen und damit einen Schnittpunkt $[s, t, u, v]$ der beiden Geraden: Wenn z. B. $\mu \neq 0$ und $\lambda \neq \infty$, so ist $u = 1, s = \lambda, t = 1/\mu, v = \lambda/\mu$.

Eine weitere Frage ist begrifflicher Art: Was ist eigentlich die Tangente eines Kegelschnitts und die Tangentialebene einer Quadrik? Die Definition ist einfach: Jede projektive
Quadrik in $\mathbb{P}^n$ wird ja durch eine quadratische Form q auf $\mathbb{K}^{n+1}$ und damit durch eine
symmetrische Bilinearform β beschrieben: $q(x) = \beta(x, x)$ (vgl. Abschn. 3.6). Ist also

$$Q = \{[x] \in \mathbb{P}^n; \ \beta(x, x) = 0\}, \tag{3.15}$$

so ist der *Tangentialraum* von Q in einem Punkt $[x] \in Q$ die Hyperebene

$$T_{[x]}Q := \{[v] \in \mathbb{P}^n; \ \beta(x, v) = 0\}. \tag{3.16}$$

In der Ebene ($n = 2$) spricht man stattdessen von der *Tangente*, im Raum ($n = 3$) von der
Tangentialebene. Im Beispiel des einschaligen Hyperboloids $Q = \{[x, y, z, w]; \ x^2 + y^2 - z^2 - w^2 = 0\}$ ist

$$\beta((x, y, z, w), (x', y', z', w')) = xx' + yy' - zz' - ww',$$

und die Tangentialebene in einem Punkt $p = [x, y, 0, 1] \in K \subset Q$ ist $T_pQ = \{[x', y', z', w']; \ xx' + yy' - w' = 0\}$ mit dem affinen Anteil $T_pQ \cap \mathbb{A}^n = \{[x', y', z', 1]; \ xx' + yy' = 1\}$; da z' in der Gleichung nicht auftritt, also beliebig gewählt werden kann, ist
diese Ebene parallel zur z-Achse, wie behauptet.

Definitionen kann man nicht beweisen, wohl aber begründen. Warum nennt man die
Hyperebene (3.16) Tangential- (= berührende) Hyperebene (oder je nach Dimension Tangente, Tangentialebene, Tangentialraum)? Anschaulich sollte sie die Quadrik in der Nähe
des Punktes $[x] \in Q$ annähern (approximieren). Wählen wir daher einen zweiten Punkt
$[x + v] \in Q$, so gilt sowohl $\beta(x, x) = 0$ als auch $\beta(x + v, x + v) = 0$, also

$$0 = \beta(x + v, x + v) = \beta(x, x) + 2\beta(x, v) + \beta(v, v) = 2\beta(x, v) + \beta(v, v).$$

Wenn $[x + v]$ nun sehr nahe bei $[x]$ liegt, wenigstens in den Fällen $\mathbb{K} = \mathbb{R}, \mathbb{C}$, können
wir die Komponenten von v betragsmäßig sehr klein wählen und daher ist der quadratische
Term $\beta(v, v)$ betragsmäßig viel kleiner als der in der Variablen v lineare Term $2\beta(x, v)$.
Wenn wir den quadratischen Term einfach vernachlässigen (das können wir auch über einem
beliebigen Körper $\mathbb{K}$), erhalten wir die Gleichung der Tangentialhyperebene.

3.8 Dualität und Polarität; Satz von Pascal

Eine Beobachtung, die bereits Poncelet gemacht hat, ist das *Dualitätsprinzip:* Mit jedem
Satz der ebenen Projektiven Geometrie gilt auch der dazu *duale* Satz, bei dem die Worte
„Punkt" und „Gerade" sowie „schneiden" und „verbinden" ausgetauscht sind. Bereits die
drei Axiome (Fußnote 15) haben ja diese Eigenschaft (zwei Punkte werden durch genau
eine Gerade verbunden – zwei Geraden schneiden sich in genau einem Punkt), also auch

die daraus abgeleiteten Sätze. Ähnliches gilt für höhere Dimensionen, wobei wir Geraden durch Hyperebenen ersetzen müssen.

Wir aber haben projektive Räume nicht axiomatisch definiert, sondern von Vektorräumen abgeleitet: Ist V ein Vektorraum über einem Körper $\mathbb{K}$, so ist der zugehörige projektive Raum P_V die Menge der *homogenen Vektoren* $[v] = \{\lambda v; \ \lambda \in \mathbb{K}^*\}$ für alle $v \in V \setminus \{0\}$, und die kanonische Projektion $\pi : V \setminus \{0\} \to P_V, v \mapsto [v]$ verbindet die Lineare Algebra mit der Projektiven Geometrie. Deshalb können wir das Dualitätsprinzip aus der Linearen Algebra entnehmen: Eine (projektive) Hyperebene $H \subset P_V$ entspricht einer *linearen Hyperebene* $U \subset V$, einem linearen Unterraum der Kodimension eins: $H = \pi(U) = [U]$. Diese wiederum kann als Kern einer Linearform $\alpha \in \mathrm{Hom}(V, \mathbb{K}) = V^*$ beschrieben werden, $U = \mathrm{Kern}\,\alpha$. Wir fassen α nun als Element eines anderen Vektorraums auf, nämlich des *Dualraums* $V^* = \mathrm{Hom}(V, \mathbb{K})$. Jedes Vielfache $\lambda\alpha$ von $\alpha \in V^*$ mit $\lambda \neq 0$ hat allerdings denselben Kern U, also entspricht U und damit H einem homogenen Vektor $[\alpha] \in P_{V^*}$. Die Hyperebenen in P_V können daher als Punkte eines anderen projektiven Raums, des *projektiven Dualraums* P_{V^*} aufgefasst werden.

Allgemeiner können wir jedem $(k + 1)$-dimensionalen linearen Unterraum $U \subset V$ den Unterraum

$$U^\perp := \{\alpha \in V^*; \ \alpha|_U = 0\} \subset V^* \tag{3.17}$$

mit Dimension $n - k$ zuordnen, und für zwei Unterräume $U_1, U_2 \subset V$ gilt:

$$\begin{aligned} (U_1 \cap U_2)^\perp &= (U_1)^\perp + (U_2)^\perp, \\ (U_1 + U_2)^\perp &= (U_1)^\perp \cap (U_2)^\perp. \end{aligned} \tag{3.18}$$

Ein k-dimensionaler projektiver Unterraum $[U] \subset P_V$ geht also durch die Dualität in den $(n - k - 1)$-dimensionale Unterraum $[U^\perp] \subset P_{V^*}$ über, und die Operationen „Schneiden" $\wedge$ (entsprechend $U_1 \cap U_2$) und „Verbinden" $\vee$ (entsprechend $U_1 + U_2$) werden gemäß (3.18) miteinander vertauscht. Da $(V^*)^* = V$ für einen endlich-dimensionalen Vektorraum V, ist der Prozess umkehrbar. Für $k = 0$ ergibt sich insbesondere die Dualität zwischen Punkten und Hyperebenen des projektiven Raumes.

Beispiel 1, Satz von Desargues
$S = AA' \wedge BB' \wedge CC' \Rightarrow AB \wedge A'B', AC \wedge A'C', BC \wedge B'C'$ *sind kollinear.*

Dualer Satz
$s = aa' \vee bb' \vee cc' \Rightarrow ab \vee a'b', ac \vee a'c', bc \vee b'c'$ *haben gemeinsamen Schnittpunkt.*[24]

---

[24]Groß- und Kleinbuchstaben bezeichnen wie vorher Punkte und Geraden, $AB = A \vee B$ ist die Gerade durch die Punkte A, B, und $ab = a \wedge b$ der Schnittpunkt der Geraden a, b.

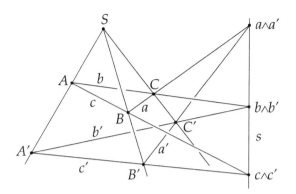

Der duale Satz ist in diesem Fall gerade die Umkehrung des Satzes von Desargues; um das zu sehen, muss man $a = BC$, $b = CA$, $c = AB$ und entsprechend $a' = B'C'$, $b' = C'A'$, $c' = A'B'$ setzen. Dann sagt der Satz von Desargues: Wenn die Eckpunkte von zwei Dreiecken auf Geraden durch einen gemeinsamen Punkt S liegen, so schneiden sich entsprechende Seiten auf einer gemeinsamen Geraden s. Der duale Satz sagt: Wenn sich entsprechende Seiten von zwei Dreiecken auf einer Geraden s schneiden, dann liegen die Eckpunkte auf Geraden durch einen gemeinsamen Punkt S.

Beispiel 2, Satz von Brianchon
Sind $a, \ldots, f$ Tangenten eines Kegelschnitts, so haben die drei Geraden $ab \vee de$ und $bc \vee ef$ und $cd \vee fa$ einen gemeinsamen Schnittpunkt.

Dualer Satz: Satz von Pascal[25]
Sind $A, \ldots, F$ Punkte eines Kegelschnitts, so sind die drei Punkte $AB \wedge DE$ und $BC \wedge EF$ und $CD \wedge FA$ kollinear.

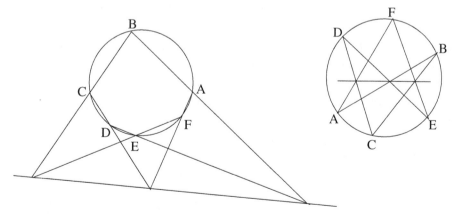

---

[25] Blaise Pascal, 1623 (Clermont-Ferrand) – 1662 (Paris).

Lemma 3.7 *Die Tangenten eines Kegelschnitts in* $\mathbb{P}^2$ *sind dual zu den Punkten eines anderen Kegelschnitts.*

Beweis Der gegebene Kegelschnitt sei $Q = \{[x] \in \mathbb{P}^2; \ \beta(x, x) = 0\}$ für eine nicht-entartete symmetrische Bilinearform β auf $V = \mathbb{K}^3$. Für jedes $[x] \in Q$ ist $T_{[x]}Q = \{[v]; \ \beta(x, v) = 0\} = \text{Kern}\, \beta_x$, wobei $\beta_x : v \mapsto \beta(x, v)$. Diese Linearformen $\beta_x \in V^*$ mit $[x] \in Q$ erfüllen selbst wieder eine quadratische Gleichung:

$$0 = \beta(x, x) = \beta_x x = \beta_x \beta^{-1}(\beta_x) = \beta^{-1}(\beta_x, \beta_x).$$

Dabei wird β als Isomorphismus $x \mapsto \beta_x : V \to V^*$ aufgefasst, und seine Umkehrung $\beta^{-1} : V^* \to V$ kann wiederum als eine Bilinearform auf V^* gelesen werden. Also liegen die zugehörigen homogenen Vektoren $[\beta_x]$ in der *dualen Quadrik*

$$Q^* := \{[\alpha]; \ \alpha \in V^* \setminus \{0\}; \ \beta^{-1}(\alpha, \alpha) = 0\} \subset P_{V^*}. \qquad \square$$

Jede nicht-entartete Bilinearform $\beta : V \times V \to \mathbb{K}$ definiert also den Vektorraum-Isomorphismus $\beta : V \to V^*$, $x \mapsto \beta_x = (v \mapsto \beta(x, v))$. Dieser definiert einen Iso-morphismus projektiver Räume $[\beta] : P_V \to P_{V^*}$, die beiden projektiven Räume werden also mit Hilfe von $[\beta]$ identifiziert, womit der Dualraum entbehrlich wird: Wir können jeder Hyperebene $H = [\text{Kern}\, \alpha] \subset P_V$ den Punkt $[\beta^{-1}(\alpha)] \in P_V$ zuordnen, und umgekehrt wird jedem Punkt $[x]$ die Hyperebene $[x^\perp] = \{[y]; \ \beta(x, y) = 0\} = [\text{Kern}\, \beta_x]$ zugeordnet. Die Zuordnungen sind invers zueinander:

$$[\text{Kern}\, \alpha] \mapsto [\beta^{-1}\alpha] \mapsto [\text{Kern}\, \beta_{\beta^{-1}\alpha}] = [\text{Kern}\, \alpha],$$
$$[x] \quad \mapsto [\text{Kern}\, \beta_x] \mapsto \quad [\beta^{-1}\beta_x] \quad = \quad [x],$$

denn $\beta_{\beta^{-1}\alpha} = \alpha$ and $\beta^{-1}(\beta_x) = x$. Eine solche Zuordnung von Punkten zu Hyperebenen in einem projektiven Raum nennt man eine *Polarität*.

Statt mit der Dualität kann man die Behauptung des Lemmas einfacher mit einer Polarität einsehen, z. B. mit der Polarität durch die Q definierende Bilinearform β: Polar zu der Geraden $T_{[x]}Q = \{y; \ \beta(x, y) = 0\} = [x]^\perp$ ist dann der Punkt $[x]$; bei dieser Polarität gehen also die Tangenten von Q in die Punkte von Q über.

Wir wollen auch noch einen direkten Beweis des Satzes von Pascal geben:

Gegenüberliegende Kanten eines in einen Kegelschnitt (z.B. Kreis oder Ellipse) einbeschrie-benen Sechsecks schneiden sich auf einer gemeinsamen Geraden (linke Figur umseitig).

Der Beweis führt den Satz mit Hilfe einer projektiven (perspektivischen) Transformation auf einen einfacheren Spezialfall zurück, ähnlich wie der erste Beweis des Satzes von Desargues:

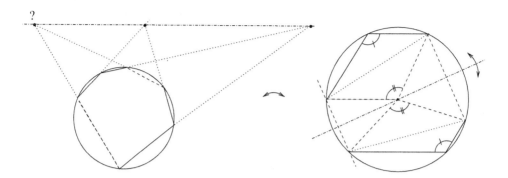

Wir können die linke Figur als perpektivisches Bild der rechten Figur deuten; der Horizont ist die horizontale Gerade, die durch die beiden rechten der drei Kantenschnittpunkte definiert ist. In der Figur rechts sind also die beiden zugehörigen (durchgezogenen) Kantenpaare parallel.[26] Damit sind die beiden einfach gestrichenen Winkel zwischen den parallelen Geradenpaaren in der rechten Figur gleich. Nach dem Peripheriewinkelsatz (siehe unten) sind dann die (zweifach gestrichenen) Mittelpunktswinkel der beiden gepunkteten Kreissehnen gleich. Die beiden Winkel sind also spiegelsymmetrisch an einer Spiegelachse durch den Kreismittelpunkt (Strich-Punkt-Gerade in der rechten Figur). Diese Spiegelung erhält den Kreis und bildet die beiden Radienpaare aufeinander ab, welche die beiden (zweifach gestrichenen) Mittelpunktswinkel aufspannen. Sie vertauscht also die Endpunkte von jeder der zwei gestrichelten Sechseckseiten und bildet diese somit auf sich selbst ab. Sie müssen damit beide senkrecht zur Spiegelachse und also parallel sein. Alle drei Sechseckseitenpaare treffen sich also auf der Ferngeraden und nach Rücktransformation auf dem „Horizont", was zu zeigen war.

Der *Peripheriewinkelsatz* (Figur folgt) sagt aus, dass für jede Kreissehne der Mittelpunktswinkel γ und der Peripheriewinkel α (siehe linke Figur) in der Beziehung $\gamma = 360° - 2\alpha$ stehen. Das geht aus der rechten Figur hervor: Da die Basiswinkel eines Sehnendreiecks gleich sind und die Winkelsumme $180°$ beträgt, ist $\gamma_1 + 2\alpha_1 = 180°$ und $\gamma_2 + 2\alpha_2 = 180°$, also $\gamma + 2\alpha = 360°$.

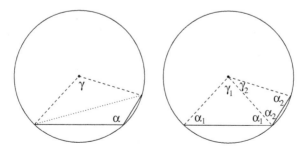

---

[26]Der Kreis wird bei der perspektivischen Transformation möglicherweise zu einer Ellipse verzerrt, aber durch eine Stauchung in Richtung der längeren Ellipsenachse wird daraus wieder ein Kreis, und parallele Geradenpaare bleiben dabei parallel.

3.9 Projektive Bestimmung von Quadriken

Wie können wir einer quadratischen Gleichung, z. B. der Gleichung

$$q(x, y, z, w) := x^2 - 2xy + 2z^2 + 4xz - 2yw = 0 \tag{3.19}$$

ansehen, zu welchem Typ von projektiven Quadriken sie gehört? Es gibt zwei äquivalente Verfahren, gleichzeitig konstruktive Beweise von Satz 3.4:

1. *Quadratische Ergänzung:* Wir beseitigen die gemischten Terme (z. B. xy) durch Variablensubstitutionen, indem wir geeignete quadratische Terme hinzufügen und wieder abziehen. Dadurch entstehen Quadrate von linearen Ausdrücken in den Variablen, denen wir neue Namen geben (neue Variablen). Die alten Variablen werden nun ersetzt. Die gemischten Terme werden dabei in der Reihenfolge xy, xz, xw, yz, yw, zw abgearbeitet. Zum Beispiel ist $x^2 - 2xy = x^2 - 2xy + y^2 - y^2 = (x - y)^2 - y^2$. Setzen wir $x - y =: x_1$, so folgt $x = x_1 + y$ und wir können in unserer Ausgangsgleichung (3.19) an jeder Stelle die Variable x durch $x_1 + y$ substituieren (ersetzen).

$$
\begin{aligned}
0 = \quad & \underline{x^2 - 2xy} + 2z^2 + 4xz - 2yw \\
& \underline{+y^2} - y^2 && x - y =: x_1, \quad x = x_1 + y \quad (a) \\
= \; x_1^2 - y^2 + 2z^2 & \underline{+4x_1 z} + 4yz - 2yw \\
& \underline{+4z^2} - 4z^2 && x_1 + 2z =: x_2,\ x_1 = x_2 - 2z \quad (b) \\
= \quad & x_2^2 \underline{-y^2} - 2z^2 \underline{+4yz} - 2yw \\
& \underline{-4z^2} + 4z^2 && y - 2z =: y_1, \quad y = y_1 + 2z \quad (c) \\
= \quad & x_2^2 \underline{-y_1^2} - 2y_1 w - 4zw + 2z^2 \\
& \underline{-w^2} + w^2 && y_1 + w =: y_2, \quad y_1 = y_2 - w \quad (d) \\
= \quad & x_2^2 - y_2^2 \underline{-4zw + 2z^2} + w^2 \\
& \underline{+2w^2} - 2w^2 && z - w =: z_1, \quad z = z_1 + w \quad (e) \\
= \quad & x_2^2 - y_2^2 + 2z_1^2 - w^2.
\end{aligned}
$$

Wir könnten jetzt noch $z_2 = \sqrt{2}z_1$ setzen und würden $x_2^2 + z_2^2 - y_2^2 - w^2 = 0$ erhalten; das ist (bis auf Änderung der Koordinatennamen) die Gleichung von Q_2. Doch dieser letzte Schritt ist eigentlich überflüssig, da wir bereits aus der vorigen Gleichung die Vorzeichen ablesen können. Die projektive Abbildung, die die gegebene Quadrik in die Standardform überführt, ergibt sich aus den linearen Substitutionen (a)–(e), die wir vorgenommen haben:

$$
\begin{aligned}
z &\overset{(e)}{=} z_1 + w, \\
y &\overset{(c)}{=} y_1 + 2z \overset{(d)}{=} y_2 - w + 2z = y_2 - w + 2(z_1 + w) \\
&= y_2 + 2z_1 + w, \\
x &\overset{(a)}{=} x_1 + y \overset{(b)}{=} x_2 - 2z + y = x_2 - 2(z_1 + w) + y_2 + 2z_1 + w \\
&= x_2 + y_2 - w.
\end{aligned}
$$

Die Reihenfolge der Variablen ist natürlich willkürlich und kann geändert werden. Es kann auch vorkommen, dass ein gemischter Term ohne die zugehörigen Quadrate auftritt, also z. B. xy, aber weder x^2 noch y^2; in dem Fall muss man $x = u + v$, $y = u - v$ substituieren.

2. *Elementare Zeilen- und Spaltentransformation:* Dazu müssen wir die quadratische Form zunächst in der Form $q(v) = v^T A v$ (mit $v = (x, y, z, w)^T$) für eine symmetrische Matrix $A = (a_{ij})$ schreiben. Die Koeffizienten vor den Quadraten in $q(x)$ werden die Diagonalelemente, die Nicht-Diagonalelemente sind die halben Koeffizienten der gemischten Terme (z. B. $4xz = 2xz + 2zx$ ergibt $a_{13} = a_{31} = 2$). Wir erhalten also die Matrix

$$A = \begin{pmatrix} 1 & -1 & 2 & 0 \\ -1 & 0 & 0 & -1 \\ 2 & 0 & 2 & 0 \\ 0 & -1 & 0 & 0 \end{pmatrix} \tag{3.20}$$

Jetzt wird eine Substitution $v = S\tilde{v}$ angewandt: $q(v) = q(S\tilde{v}) = \tilde{v}^T S^T A S v$. Dabei ist S eine Verkettung elementarer Matrizen,[27] die so gewählt sind, dass am Ende $S^T A S$ Diagonalgestalt hat. Nach jeder elementaren Zeilentransformation ist die entsprechende Spaltentransformation auszuführen (was insgesamt der Transformation $A \to S^T A S$ für eine elementare Matrix S entspricht). Beschränken wir uns auf Typ II, so ist das Ergebnis dieser letzteren (Spalten-)Transformation nur, dass die Matrix wieder symmetrisch wird; alle Koeffizienten auf und unterhalb der Diagonale bleiben unverändert.[28]

---

[27] Elementare Zeilentransformationen sind (I) Vertauschen von Zeilen, (II) Addition eines Vielfachen einer anderen Zeile sowie (III) Multiplikation einer Zeile mit einem Faktor $\neq 0$. Elementare Spaltentransformationen sind entsprechend definiert. Elementare Zeilen- bzw. Spaltentransformationen einer Matrix A lassen sich durch Multiplikation mit entsprechenden Matrizen S von links bzw. von rechts bewerkstelligen; diese Matrizen heißen *elementare Matrizen*. Die elementaren Matrizen vom Typ I sind *Permutationsmatrizen*, die die Standardbasiselemente $e_1, \ldots, e_{n+1}$ von $\mathbb{R}^{n+1}$ permutieren (z. B. $S = \left(\begin{smallmatrix} & 1 \\ 1 & \end{smallmatrix}\right)$), die vom Typ III sind Diagonalmatrizen mit lauter Einsen außer einem Eintrag $\lambda \neq 0$, z. B. $S = \left(\begin{smallmatrix} 1 & \\ & \lambda \end{smallmatrix}\right)$, und die vom Typ II haben lauter Einsen auf der Diagonale und noch einen weiteren Koeffizienten $\lambda \neq 0$, z. B. $S = \left(\begin{smallmatrix} 1 & \\ \lambda & 1 \end{smallmatrix}\right)$ oder $S = \left(\begin{smallmatrix} 1 & \lambda \\ & 1 \end{smallmatrix}\right)$. Wenn nämlich A aus den Zeilen a und b besteht, $A = \left(\begin{smallmatrix} a \\ b \end{smallmatrix}\right)$, dann ist $\left(\begin{smallmatrix} 1 & \\ \lambda & 1 \end{smallmatrix}\right)\left(\begin{smallmatrix} a \\ b \end{smallmatrix}\right) = \left(\begin{smallmatrix} a \\ b+\lambda a \end{smallmatrix}\right)$, und wenn A die Spalten u, v hat, $A = (u, v)$, dann ist $(u, v)\left(\begin{smallmatrix} 1 & \lambda \\ & 1 \end{smallmatrix}\right) = (u, v + \lambda u)$.

[28] Die Koeffizienten unterhalb der Diagonale bleiben bei Rechtsmultiplikation mit einer oberen Dreiecksmatrix mit Einsen auf der Diagonale unverändert. Die Koeffizienten auf der Diagonale werden bei der Transformation vom Typ II nicht verändert, weil der Koeffizient von A, der dabei mitwirkt, durch die vorausgegangene Zeilentransformation schon zu null gemacht wurde. Beispiel: $A = \left(\begin{smallmatrix} 1 & -1 \\ -1 & 0 \end{smallmatrix}\right)$ und $S = \left(\begin{smallmatrix} 1 & 1 \\ & 1 \end{smallmatrix}\right)$, dann ist $S^T A = \left(\begin{smallmatrix} 1 & \\ 1 & 1 \end{smallmatrix}\right)\left(\begin{smallmatrix} 1 & -1 \\ -1 & 0 \end{smallmatrix}\right) = \left(\begin{smallmatrix} 1 & -1 \\ 0 & -1 \end{smallmatrix}\right)$ und $S^T A S = \left(\begin{smallmatrix} 1 & -1 \\ 0 & -1 \end{smallmatrix}\right)\left(\begin{smallmatrix} 1 & 1 \\ & 1 \end{smallmatrix}\right) = \left(\begin{smallmatrix} 1 & 0 \\ 0 & -1 \end{smallmatrix}\right)$.

Deshalb können wir Zeilen- und Spaltentransformationen immer gleichzeitig ausführen: Wir nehmen die Zeilentransformation vor (z. B. Addition der ersten Zeile zur zweiten), notieren von der neuen Matrix aber nur die Koeffizienten auf und unterhalb der Diagonale und ergänzen sie zu einer symmetrischen Matrix. Dieses Verfahren ist nur eine Umformulierung des vorigen durch quadratische Ergänzung. Wir erhalten daher das folgende Schema:[29]

$$
\begin{array}{cccc|cccc|cccc|cccc}
1 & -1 & 2 & 0 & 1 & 0 & 0 & 0 & 1 & 0 & 0 & 0 & 1 & 0 & 0 & 0 \\
-1 & 0 & 0 & -1 & 0 & -1 & 2 & -1 & 0 & -1 & 0 & 0 & 0 & -1 & 0 & 0 \\
2 & 0 & 2 & 0 & 0 & 2 & -2 & 0 & 0 & 0 & 2 & -2 & 0 & 0 & 2 & 0 \\
0 & -1 & 0 & 0 & 0 & -1 & 0 & 0 & 0 & 0 & -2 & 1 & 0 & 0 & 0 & -1
\end{array}
$$

3.10   Das Doppelverhältnis

In der Affinen Geometrie (Abschn. 2.5) haben wir gesehen, dass das Verhältnis parallel gerichteter Strecken oder Vektoren unter affinen Abbildungen ungeändert bleibt: Sind x, y, z kollineare Punkte eines affinen Raumes, so sind die Vektoren $x - z$ und $y - z$ linear abhängig, $x - z = \lambda(y - z)$ mit $\lambda \in \mathbb{K}$, und das *Verhältnis* der drei Punkte,

$$
V(x, y, z) = \frac{x - z}{y - z} = \lambda
$$

ist invariant unter jeder affinen Abbildung F, also $V(Fx, Fy, Fz) = V(x, y, z)$ für alle kollinearen Punktetripel x, y, z.

Gilt etwas Ähnliches auch in der Projektiven Geometrie? Gegeben seien drei kollineare Punkte $[x]$, $[y]$, $[z] \in \mathbb{P}^n$; die Vektoren $x, y, z \in \mathbb{K}^{n+1}$ liegen dann in einem zweidimensionalen Unterraum, und wir können sie so wählen, dass sie auf einer gemeinsamen affinen Geraden $g \subset \mathbb{K}^{n+1}$ liegen, also

$$
x - z = \lambda(y - z) \tag{3.21}
$$

für ein $\lambda \in \mathbb{K}$. Dann ist das Verhältnis $V(x, y, z) = \lambda$ wie vorher definiert. Allerdings ist die affine Gerade g, auf der die Vektoren x, y, z liegen, nicht eindeutig bestimmt; wir könnten äquivalente Vektoren

$$
x' = \alpha x, \quad y' = \beta y, \quad z' = \gamma z \tag{3.22}
$$

---

[29]Im Allgemeinen ist wieder der Sonderfall zu beachten, dass auf irgendeiner Stufe des Verfahrens alle Diagonalelemente verschwinden. Dann muss man erst durch Addition einer anderen Zeile ein nicht verschwindendes Diagonalelement erzeugen und danach die entsprechende Spaltentransformation durchführen, die in diesem Fall auch die Koeffizienten unterhalb der Diagonale verändern kann.

wählen, die auf einer anderen affinen Geraden g' liegen:

$$x' - z' = \lambda'(y' - z').$$ (3.23)

Wie ist die Beziehung zwischen den beiden Verhältnissen λ und λ'? Setzen wir (3.22) in (3.23) ein, so erhalten wir

$$\alpha x = x' = \lambda' y' + (1 - \lambda')z' = \lambda'\beta y + (1 - \lambda')\gamma z.$$ (3.24)

Andererseits multiplizieren wir (3.21) mit α und erhalten

$$\alpha x = \alpha\lambda y + \alpha(1 - \lambda)z.$$ (3.25)

Da die Vektoren y und z linear unabhängig sind, können wir auf der rechten Seite von (3.24) und (3.25) die Koeffizienten vergleichen und erhalten insbesondere $\lambda'\beta = \alpha\lambda$, also

$$\lambda' = \frac{\alpha}{\beta} \cdot \lambda.$$ (3.26)

Das Verhältnis auf der Geraden g' ist also nicht dasselbe wie das auf der Geraden g, sondern unterscheidet sich um den Faktor $\frac{\alpha}{\beta}$. Da wir keine Möglichkeit haben, zwischen g und g' eine Wahl zu treffen, kann das Verhältnis $\lambda = V(x, y, z)$ in der Projektiven Geometrie nicht definiert werden.

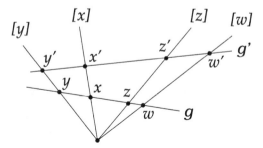

Aber ganz hoffnungslos ist der Fall dennoch nicht, denn der Quotient der beiden Verhältnisse, $\frac{\lambda'}{\lambda} = \frac{\alpha}{\beta}$ hängt nicht von z und z' ab! Wenn wir daher einen vierten kollinearen Punkt $[w]$ mit Vertretern $w \in g$ und $w' \in g'$ wählen, dann gilt für die Verhältnisse $\mu = \frac{x-w}{y-w}$ und $\mu' = \frac{x'-w'}{y'-w'}$ ganz genauso

$$\mu' = \frac{\alpha}{\beta} \cdot \mu.$$ (3.27)

Also ist $\frac{\lambda'}{\lambda} = \frac{\mu'}{\mu}$ und damit

$$\frac{\lambda'}{\mu'} = \frac{\lambda}{\mu}.$$ (3.28)

Der Quotient $\frac{\lambda}{\mu}$ ist daher für jede Wahl der Geraden g derselbe und somit nur von den homogenen Vektoren $[x], [y], [z], [w]$ abhängig. Er heißt das *Doppelverhältnis* der vier kollinearen Punkte, $DV([x], [y], [z], [w])$ oder kürzer $DV(x, y, z, w)$:

$$DV(x, y, z, w) = \frac{V(x, y, z)}{V(x, y, w)} = \frac{x - z}{y - z} \cdot \frac{y - w}{x - w}, \tag{3.29}$$

wobei die vier Vektoren $x, y, z, w \in \mathbb{K}^{n+1}$ auf einer gemeinsamen affinen Geraden zu wählen sind. Das Doppelverhältnis ist offensichtlich invariant unter projektiven Abbildungen von $\mathbb{P}^n$, weil diese ja von linearen Abbildungen von $\mathbb{K}^{n+1}$ herkommen.

Dieser Begriff ergibt auch auf $\mathbb{P}^1 = \mathbb{K} \cup \{\infty\}$ noch Sinn; dann ist das Doppelverhältnis einfach ein Doppelbruch von Zahlen, unter denen allerdings auch ∞ vorkommen kann. Zum Beispiel ist $\frac{x - \infty}{y - \infty} = 1$, wie man sieht, wenn man ∞ durch $1/t$ ersetzt und dann $t = 0$ einsetzt:

$$\frac{x - \infty}{y - \infty} = \frac{x - 1/t}{y - 1/t}\bigg|_{t=0} = \frac{xt - 1}{yt - 1}\bigg|_{t=0} = 1. \tag{3.30}$$

Auf $\mathbb{P}^1$ kann man ja nicht von geradentreuen Abbildungen sprechen; das ist eine der schon erwähnten Schwierigkeiten in niedriger Dimension (vgl. Fußnote 4 im Kap. 2). Aber mit dem Doppelverhältnis haben wir doch eine Möglichkeit, projektive Abbildungen auf $\mathbb{P}^1$ geometrisch zu kennzeichnen:

Satz 3.8 *Die projektiven Abbildungen auf $\mathbb{P}^1$ sind genau die Bijektionen, die das Doppelverhältnis erhalten.*

Beweis Da projektive Abbildungen auf $\mathbb{P}^1$ von linearen Isomorphismen auf $\mathbb{K}^2$ herkommen, erhalten sie offensichtlich das Doppelverhältnis. Ist jetzt eine beliebige Bijektion $F : \mathbb{P}^1 \to \mathbb{P}^1$ gegeben, die das Doppelverhältnis erhält, so können wir durch Nachschalten einer projektiven Abbildung erreichen, dass $F(\infty) = \infty$. Das so abgeänderte F erhält das Doppelverhältnis und den Punkt ∞, also den Ausdruck

$$DV(x, y, z, \infty) = \frac{x - z}{y - z} \cdot \frac{y - \infty}{x - \infty} = \frac{x - z}{y - z} = V(x, y, z).$$

Somit ist $F|_{\mathbb{A}^1}$ affin, siehe Abschn. 2.5, und daher sind das neue und damit auch das alte F projektiv. $\qquad\square$

Eine Anwendung: das vollständige Vierseit

Da alle ebenen Vierseite (Vierecke) projektiv äquivalent sind, können wir ein beliebiges Vierseit mit den zugehörigen Diagonalen und „Mittellinien" in $\mathbb{P}^2$ („*vollständiges Vierseit*") durch eine projektive Abbildung auf das in der rechten Figur dargestellte Quadrat in der affinen Ebene $\mathbb{A}^2$ transformieren, wobei die Gerade SC in die Ferngerade übergeht:

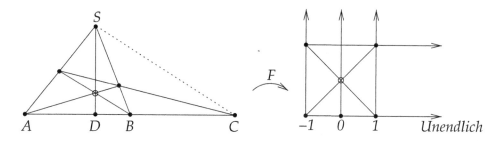

Die Punkte A, B, C, D (die „*Basispunkte*" des vollständigen Vierseits) werden dabei auf die Punkte $-1, 1, \infty, 0 \in \hat{\mathbb{K}} = \mathbb{P}^1 \subset \mathbb{P}^2$ abgebildet, und wir erhalten

$$DV(A, B, C, D) = DV(-1, 1, \infty, 0) \overset{(3.30)}{=} \frac{1 - 0}{-1 - 0} = -1. \qquad (3.31)$$

Es ergibt sich also $\frac{A-C}{B-C} \cdot \frac{B-D}{A-D} = DV(A, B, C, D) = -1$ und damit

$$\frac{A - C}{B - C} = -\frac{A - D}{B - D}. \qquad (3.32)$$

Die Punkte C und D „teilen" also die Strecke $\overline{AB}$ außen und innen im gleichen Verhältnis: $\frac{|A-C|}{|B-C|} = \frac{|A-D|}{|B-D|}$; dies nennt man *harmonische Teilung*. In der nachstehenden Figur ist der Fall $\frac{|A-C|}{|B-C|} = 2$ mit einem zugehörigen vollständigen Vierseit dargestellt.

Satz 3.9 *Vier kollineare Punkte $A, B, C, D \in \mathbb{P}^2$ sind die Basispunkte eines vollständigen Vierseits in $\mathbb{P}^2$ genau dann, wenn ihre Teilung harmonisch ist, $DV(A, B, C, D) = -1$.*

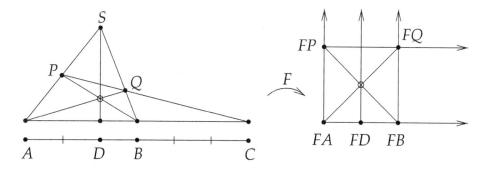

Beweis Gegeben seien vier kollineare Punkte A, B, C, D mit harmonischer Teilung. Da sie kollinear sind, dürfen wir $A, B, C, D \in \mathbb{P}^1 \subset \mathbb{P}^2$ annehmen. Wegen der harmonischen Teilung gibt es eine projektive Transformation F von $\mathbb{P}^1$, diese Punkte auf $-1, 1, \infty, 0 \in \mathbb{K} \cup \{\infty\} = \mathbb{P}^1$ abbildet; in $\mathbb{P}^2$ sind das die Punkte $[-1, 0, 1]$, $[1, 0, 1]$,

$[1, 0, 0]$, $[0, 0, 1]$. Wir wählen nun einen beliebigen Punkt $S \in \mathbb{P}^2 \setminus \mathbb{P}^1$ und verbinden S mit A, D, B. Weiterhin wählen wir einen beliebigen Punkt $P \neq A, S$ auf der Geraden AS, verbinden ihn mit C und nennen Q den Schnittpunkt $PC \wedge SB$. Nun setzen wir F zu einer projektiven Transformation von $\mathbb{P}^2$ fort, die P nach $[-1, 2, 1]$ und S auf einen Punkt der Ferngeraden, nämlich auf $[0, 1, 0]$ abbildet; dabei ist die F definierende lineare Abbildung F_o von $\mathbb{K}^2$ auf $\mathbb{K}^3$ entsprechend fortzusetzen. Damit wird das Viereck $ABPQ$ auf ein Quadrat in $\mathbb{A}^2 \subset \mathbb{P}^2$ abgebildet, und die gegebene Figur ist ein vollständiges Vierseit, d. h. der Diagonalenschnittpunkt $AQ \wedge BP$ liegt auf der „Mittellinie" SD.   □

Abstand: Euklidische Geometrie

4

Zusammenfassung

Euklid hat im 3. Jahrhundert v. Chr. das damalige mathematische Wissen in seinem Buch „Die Elemente" zusammengetragen. In seinen geometrischen Überlegungen spielen von Beginn an Maßzahlen eine Rolle: Abstände, Winkel, Flächeninhalte, Volumina. Der Abstand ist der grundlegende Begriff. Ähnlich wie vorher wollen wir auch diesen Begriff nicht einfach axiomatisch definieren, sondern aus anschaulichen Überlegungen herleiten und erst danach in unser Gerüst der Linearen Algebra einbauen, nämlich mit Hilfe des Skalarprodukts. Die Grundlage dafür ist der Satz von Pythagoras. Die Gruppe der strukturerhaltenden Transformationen, der „Isometrien", werden wir diesmal sehr viel genauer studieren; auch ihre diskreten und endlichen Untergruppen werden betrachtet. Diese wiederum haben mit Kristallen und mit den platonischen Körpern zu tun; letztere stellen wir auch in höheren Dimensionen vor. Die nächst den Geraden einfachsten Gebilde der ebenen Geometrie sind die Kegelschnitte, die wir nun auch im Hinblick auf Längen und Abstände untersuchen wollen. Interessanterweise wird dieses Problem der Anschauung zugänglicher, wenn wir den Begriff „Kegelschnitt" wörtlich nehmen und dabei auch den Raum, der den Kegel umgibt, in den Blick nehmen.

4.1 Der Satz des Pythagoras

Der Satz des *Pythagoras* ist der wichtigste Satz zum Abstandsbegriff, da mit seiner Hilfe der Abstand von zwei Punkten mit gegebenen (rechtwinkligen) Koordinaten berechnet werden kann. Er stammt allerdings gar nicht von Pythagoras, sondern war lange vorher bereits den Ägyptern, Indern und Babyloniern bekannt.[1] Er lautet:

---

[1] https://de.wikipedia.org/wiki/Satz_des_Pythagoras#Geschichte

© Springer Fachmedien Wiesbaden GmbH, ein Teil von Springer Nature 2020
J.-H. Eschenburg, *Geometrie – Anschauung und Begriffe,*
https://doi.org/10.1007/978-3-658-28225-7_4

In einem rechtwinkigen Dreieck mit Katheten a, b (= Seiten, die am rechten Winkel anliegen) und Hypotenuse c (= Seite gegenüber dem rechten Winkel) gilt $a^2 + b^2 = c^2$.

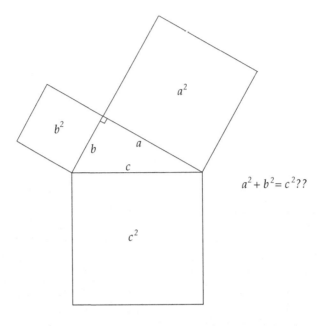

$a^2 + b^2 = c^2$??

Wie früher stellen wir uns zunächst auf den Standpunkt, dass uns die Anschauungsebene vollständig bekannt ist. Insbesondere wissen wir nicht nur, was Punkte, Geraden und Inzidenz bedeuten, wir kennen auch Begriffe wie Länge (Abstand), Winkel, Flächeninhalt. Aus der Figur geht aber in keiner Weise hervor, warum die Flächen der beiden kleinen Quadrate zusammen gleich der großen Quadratfläche sein sollten. Wie immer in der Geometrie ist eine *Konstruktion* nötig, um das Verborgene auf das Offensichtliche zurückzuführen. Die Herkunft der vermutlich frühesten dieser Konstruktionen ist wahrscheinlich Indien oder China:

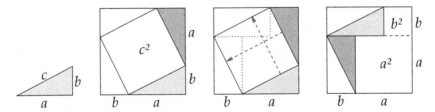

Euklid[2] hat in seinen „Elementen", dem antiken Mathematik-Kompendium, nach dem noch bis ins 19. Jahrhundert Geometrie unterrichtet wurde, einen anderen Beweis gegeben, der stärkeren Niederschlag in Schulbüchern gefunden hat, obwohl er komplizierter ist: Man

---

[2]Euklid von Alexandria, ca. 325–265 vor Chr.

zerlegt c in seine Abschnitte p und q unterhalb der Seiten a und b. Dadurch wird das Quadrat c^2 in zwei Rechtecke cp und cq zerlegt. Nun zeigt man $a^2 = cp$ (und entsprechend $b^2 = cq$). Das Rechteck cp wird durch eine Scherung in ein Parallelogramm verwandelt, wobei sich der Flächeninhalt nicht verändert (das unten abgeschnittene Dreieck wird oben wieder angefügt), dieses Parallelogramm um 90° gedreht und dann durch eine zweite Scherung in das Quadrat über a verwandelt.[3]

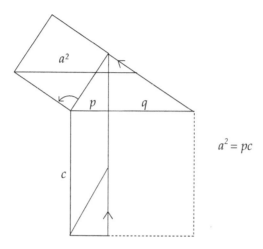

$$a^2 = pc$$

Ein dritter Beweis benutzt die Ähnlichkeit (Formgleichheit) des gegebenen rechtwinkligen Dreiecks Δ_c mit Hypotenuse c zu den kleineren rechtwinkligen Dreiecken Δ_a, Δ_b mit Hypotenusen a und b, die beim Zerlegen des Dreiecks Δ_c durch seine Höhe entstehen. Alle drei Dreiecke sind also ähnlich zu einen rechtwinkligen Dreieck Δ_1 mit Hypotenuse eins (und Flächeninhalt F) und entstehen (bis auf Drehung oder Spiegelung) aus Δ_1 durch zentrische Streckungen mit den Streckungsfaktoren a, b und c. Dabei wird der Flächeninhalt mit dem Quadrat des Streckungsfaktors multipliziert, und weil die kleinen Dreiecke das große zerlegen, ergibt sich die Behauptung:

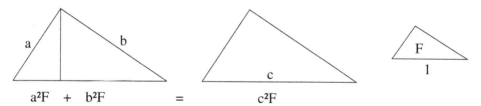

Obwohl es sich um einen Satz über Seitenlängen handelt, benutzen alle drei Beweise Flächeninhalte und deren schon aus dem Alltag bekannte Transformationseigenschaften: Invarianz bei Zerlegungen und Drehungen (siehe nachfolgende Bemerkung). Wenn wir nun

---

[3]Bei der zweiten Scherung müssen wir Parallelogramm und Quadrat in Streifen zerlegen, um die Flächengleichheit durch Abschneiden und Anfügen zu sehen.

den Abstand in der Ebene in unser axiomatisches Gerüst des $\mathbb{R}^2$ einbetten, gehen wir umgekehrt vor und *definieren* die *Norm* oder *Länge* $|x|$ eines Vektors $x = (x_1, x_2) \in \mathbb{R}^2$, den Abstand des Punktes x vom Ursprung o, mit Hilfe der Formel von Pythagoras:

$$|x|^2 = (x_1)^2 + (x_2)^2. \tag{4.1}$$

Für die Länge eines Vektors $x = (x_1, x_2, x_3)$ im Raum $\mathbb{R}^3$ erhalten wir eine analoge Formel:

$$|x|^2 = (x_1)^2 + (x_2)^2 + (x_3)^2. \tag{4.2}$$

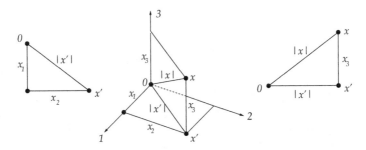

Das folgt in zwei Schritten, indem wir nacheinander zwei Ebenen betrachten: die $x_1 x_2$-Ebene mit der Projektion $x' = (x_1, x_2, 0)$ (linke Figur) sowie die von x' und der x_3-Achse aufgespannte Ebene (rechte Figur). Durch zweimaliges Anwenden des Satzes von Pythagoras finden wir $|x'|^2 = x_1^2 + x_2^2$ sowie $|x|^2 = |x'|^2 + x_3^2$ und damit die Behauptung (4.2).

Bemerkung Wir haben für die drei Beweise des Satzes von Pythagoras die Eigenschaften des Flächeninhalts von ebenen Figuren benutzt, insbesondere die Invarianz unter Translationen und Drehungen. Aber zwischen Translationen und Drehungen besteht ein Unterschied: Der Flächeninhalt einer Figur wird definiert, indem man die achsenparallelen Einheitsquadrate (Rechenkästchen) zählt, die sie überdecken (und diese nötigenfalls noch weiter unterteilt, um die Figur besser anzunähern). Dann ist die Invarianz des Flächeninhaltes bei Verschiebungen und bei 90-Grad-Drehungen der Figur klar, denn diese Transformationen überführen achsenparallele Einheitsquadrate in ebensolche. Aber die Invarianz unter Drehungen um andere Winkel ist nicht selbstverständlich, denn die Geometrie der überdeckenden Einheitsquadrate ist nun völlig anders (linke und mittlere Figur), es ist also keineswegs unmittelbar einsichtig, dass ihre Anzahlen stets übereinstimmen.

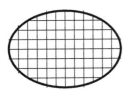
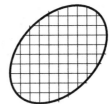
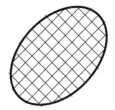

Der erste und der dritte Beweis nutzen jedoch die allgemeine Drehinvarianz, nur der zweite (vom Meister Euklid) vermeidet sie. Um sie einzusehen, dreht man zunächst die Figur zusammen mit den überdeckenden Quadraten; die gedrehte Figur ist jetzt durch gleichfalls gedrehte (also nicht mehr achsenparallele) Quadrate überdeckt (rechte Figur); ihre Anzahl ist offensichtlich noch die gleiche wie die der achsenparallelen, die vorher die ungedrehte Figur überdeckt haben. Um die Gleichheit der Flächeninhalte der ursprünglichen und der gedrehten Figur zu zeigen, muss man sich nur davon überzeugen, dass die Einheitsquadrate ihren Flächeninhalt bei der Drehung nicht verändert haben. Dazu benutzt man den Kreis als Norm-Figur; er bleibt unter Drehungen unverändert und wird von ebenso vielen gedrehten wie achsenparallelen Einheitsquadraten überdeckt, also sind deren Flächeninhalte gleich.[4]

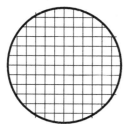
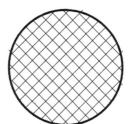

4.2   Das Skalarprodukt im $\mathbb{R}^n$

Wir wollen nun die Geometrie des Abstands auf beliebige Dimensionszahlen n übertragen. Dazu definieren wir die Norm oder Länge analog für einen Vektor $x = (x_1, \ldots, x_n) \in \mathbb{R}^n$,

$$|x|^2 = x_1^2 + \cdots + x_n^2. \tag{4.3}$$

Als *Abstand* von zwei beliebigen Punkten $x, y \in \mathbb{R}^n$ bezeichnen wir (wie in den anschaulichen Dimensionen $n \leq 3$) die Länge des Differenzvektors, $|x - y|$. Mit Hilfe des *Skalarprodukts,* das je zwei Vektoren $x, y \in \mathbb{R}^n$ die Zahl

$$\langle x, y \rangle := x^T y = x_1 y_1 + \ldots + x_n y_n \in \mathbb{R} \tag{4.4}$$

zuordnet,[5] können wir die Norm (4.3) einfacher schreiben als

$$|x|^2 = \langle x, x \rangle. \tag{4.5}$$

---

[4]Das ist auch die Beweisidee für den Transformationssatz mehrdimensionaler Integrale, denn ein (zwei- oder dreidimensionales) Integral lässt sich lokal durch Vielfache von Flächen- oder Rauminhalten approximieren.

[5]Einen Vektor $x \in \mathbb{R}^n$ denken wir uns grundsätzlich nicht als Zeile, sondern als Spalte geschrieben, damit die Regel „Zeile mal Spalte" aus der Matrizenrechnung funktioniert. Das Transponierte eines Vektors, x^T, ist demnach eine Zeile, und $x^T y$ (Zeile mal Spalte) ist eine reelle Zahl.

Aber das Skalarprodukt hat noch eine weitere geometrische Bedeutung: Zwei Vektoren $x, y \in \mathbb{R}^n$ heißen *senkrecht (rechtwinklig, orthogonal)*, $x \perp y$, wenn $\langle x, y \rangle = 0$.

Definitionen sind uns ja freigestellt, aber hier wird einem bereits vorhandenen Begriff aus unserer Raumanschauung („senkrecht stehen") eine mathematische Definition untergeschoben. Ist diese konsistent mit unserer Anschauung? Aus der anschaulichen Geometrie wissen wir, wann zwei Vektoren x und y senkrecht stehen, $x \perp y$, nämlich wenn die Abstände von y zu x und zu $-x$ gleich sind, $|y - x| = |y - (-x)| = |y + x|$, wie in der linken Figur:

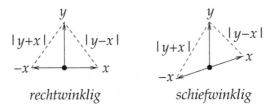

rechtwinklig   *schiefwinklig*

Diese Eigenschaft lässt sich mit Hilfe des Skalarprodukts ausdrücken:

$$x \perp y \iff |y + x|^2 = |y - x|^2 \iff \langle y + x, y + x \rangle = \langle y - x, y - x \rangle$$
$$\iff \langle y, y \rangle + \langle x, x \rangle + 2\langle y, x \rangle = \langle y, y \rangle + \langle x, x \rangle - 2\langle y, x \rangle \iff \langle y, x \rangle = 0.$$

Deshalb berechtigt uns die Anschauung, zwei Vektoren $x, y \in \mathbb{R}^n$ *senkrecht* oder *orthogonal* zu nennen, wenn $\langle x, y \rangle = 0$.

Für das rechtwinklige Dreieck $(0, x, y)$ (mit $x \perp y, x, y \in \mathbb{R}^n$) folgt natürlich wieder der Satz des Pythagoras (kein Wunder, denn wir haben ihn ja in die Definition des Abstandes bereits eingebaut):

$$|x - y|^2 = \langle x - y, x - y \rangle = \langle x, x \rangle + \langle y, y \rangle - 2\langle x, y \rangle = |x|^2 + |y|^2.$$

Die von zwei linear unabhängigen Vektoren x und y aufgespannte Ebene (der zweidimensionale Unterraum mit Basis $\{x, y\}$) in $\mathbb{R}^n$ hat damit die „gleiche" Geometrie wie die Anschauungsebene. In diesem Sinn können wir uns den n-dimensionalen Raum $\mathbb{R}^n$ anschaulich-geometrisch vorstellen, wie wir ja auch den dreidimensionalen Raum geometrisch besser verstehen durch Betrachtung geeigneter Ebenen, wie z. B. in der Figur nach Gl. (4.2).

Allgemeiner kann man mit Hilfe des Skalarprodukts auch den *Winkel* α zwischen zwei beliebigen Vektoren $x, y \in \mathbb{R}^n$ definieren, nämlich so: Wenn $x \neq 0$, kann man y zerlegen in Komponenten parallel und senkrecht zu x,

$$y^\| = \frac{1}{|x|^2}\langle y, x \rangle x, \quad y^\perp = y - y^\|. \tag{4.6}$$

In der Tat ist $y^\|$ ein skalares Vielfaches von x, und $y^\perp$ ist senkrecht zu x, denn nach (4.6) ist $\langle y^\|, x \rangle = \langle y, x \rangle$ und damit $\langle y^\perp, x \rangle = \langle y, x \rangle - \langle y^\|, x \rangle = 0$.

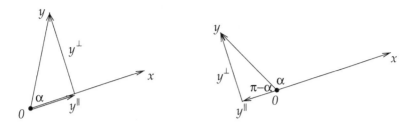

Wenden wir die bekannte „Schuldefinition" von Cosinus und Sinus,

Cosinus = Ankathete/Hypotenuse,
Sinus = Gegenkathete/Hypotenuse,

auf das rechtwinklige Dreieck mit den Eckpunkten 0, y, $y^{\|}$ an, so ergibt sich aus dem linken und dem rechten Bild wegen $\cos(\pi - \alpha) = -\cos\alpha$:

$$\cos\alpha = \pm\frac{|y^{\|}|}{|y|} = \frac{\langle y, x\rangle}{|x||y|}. \tag{4.7}$$

Insbesondere hat dieser Quotient einen Betrag ≤ 1, denn nach Pythagoras ist $|y| = \sqrt{|y^{\|}|^2 + |y^{\perp}|^2} \leq |y^{\|}|$, und Gleichheit gilt genau dann, wenn $y^{\perp} = 0$, also x, y linear abhängig. Das ist die *Cauchy-Schwarz-Ungleichung*,

$$\langle x, y\rangle \overset{1}{\leq} |\langle x, y\rangle| \overset{2}{\leq} |x||y| \tag{4.8}$$

mit Gleichheit bei $\overset{1}{\leq}$ genau dann, wenn $\langle x, y\rangle \geq 0$ (d.h. $\alpha \leq \pi/2$) und bei $\overset{2}{\leq}$ genau dann, wenn x, y linear abhängig sind.

Aus der Cauchy-Schwarz-Ungleichung (4.8) folgt auch die *Dreiecksungleichung*

$$|x + y| \leq |x| + |y|, \tag{4.9}$$

denn $(|x| + |y|)^2 - |x + y|^2 = 2|x||y| - 2\langle x, y\rangle \geq 0$, und Gleichheit gilt genau dann, wenn $\langle x, y\rangle = |x||y|$, also wenn x, y gleichgerichtet sind, $y = \mu x$ für ein $\mu \geq 0$. Die geometrische Interpretation ist: Die Summe zweier Dreiecksseiten ist immer größer als die dritte, d.h. für drei Punkte $a, b, c \in \mathbb{R}^n$ gilt stets

$$|b - a| \leq |b - c| + |c - a| \tag{4.10}$$

(„Umwege sind länger"). Wir setzen dazu einfach $x = b - c$ und $y = c - a$ in (4.9). Besonders wichtig für uns ist hier die Gleichheitsdiskussion:

Satz 4.1 *Für je zwei Punkte $a, b \in \mathbb{R}^n$ gilt: Die Strecke*

$$[a, b] = \{a + \lambda(b - a); \ \lambda \in [0, 1]\}$$

besteht genau aus den Punkten $c \in \mathbb{R}^n$, für die in (4.10) Gleichheit gilt:

$$[a, b] = \{c \in \mathbb{R}^n; \ |a - b| = |a - c| + |c - b|\}. \tag{4.11}$$

Beweis Ist $c = a + \lambda(b - a) = b + (1 - \lambda)(a - b)$ mit $\lambda \in [0, 1]$, so ist $c - a = \lambda(b - a)$ und $b - c = (1 - \lambda)(b - a)$, also ist

$$|a - c| + |c - b| = (\lambda + 1 - \lambda)|a - b| = |a - b|.$$

Umgekehrt: Wenn die Gleichheit in (4.10) gilt, d.h. $|x + y| = |x| + |y|$ für $x = b - c$ und $y = c - a$, dann gilt $y = \mu x$ für ein $\mu \geq 0$ (Gleichheitsdiskussion von (4.9)), also $c - a = \mu(b - c)$ und damit $c = \frac{1}{1+\mu} a + \frac{\mu}{1+\mu} b \in [a, b]$, denn die Zahlen $\frac{1}{1+\mu}$ und $\frac{\mu}{1+\mu}$ sind nicht-negativ und addieren sich zu Eins auf. $\qquad\square$

Der $\mathbb{R}^n$ mit dem Standard-Skalarprodukt bildet das genaue mathematische Modell für die Euklidische Geometrie. Allerdings hat der Ursprung $0 \in \mathbb{R}^n$ keine besondere geometrische Bedeutung; wir müssen daher eigentlich zu dem zugehörigen affinen Raum übergehen. Auch ist die Auszeichnung der kanonischen Basis $e_1, ..., e_n$ geometrisch nicht gerechtfertigt; jede andere Orthonormalbasis ist geometrisch vollkommen äquivalent. Wir können daher ebenso gut einen beliebigen n-dimensionalen Vektorraum V über $\mathbb{R}$ mit einer positiv definiten symmetrischen Bilinearform $\langle \, , \, \rangle$ betrachten; durch Wahl einer beliebigen Orthonormalbasis kann er mit $\mathbb{R}^n$ mit dem Standard-Skalarprodukt identifiziert werden. Deshalb heißt ein solcher Vektorraum mit Skalarprodukt auch *euklidischer Vektorraum.* Zum Beispiel ist jeder Unterraum des $\mathbb{R}^n$ mit dem darauf eingeschränkten Skalarprodukt selbst ein euklidischer Vektorraum; insbesondere ist jeder zweidimensionale Unterraum des $\mathbb{R}^n$ ein genaues Modell „der" euklidischen Ebene, weshalb die Geometrie eines hochdimensionalen $\mathbb{R}^n$ in weiten Teilen noch der Anschauung zugänglich ist. Für viele Anwendungen kann man sogar auf die Endlichkeit der Dimension verzichten, was in der Funktionalanalysis (Raum der L^2-Funktionen mit dem Skalarprodukt $\langle f, g \rangle = \int(fg)$) und in der Physik (Raum der Zustände) von großer Bedeutung ist.

Es ist nicht so verwunderlich, warum der Satz des Pythagoras zunächst mit Hilfe von Flächentransformationen bewiesen wurde: Es geht ja um Quadrate, und diese lassen sich als Flächen veranschaulichen. Die Euklidische Geometrie ist eben eng mit einer quadratischen Form q verbunden, der Quadratsumme $q(x) = \sum_i (x_i)^2$, denn die euklidische Norm ist $|x| = q(x)^{1/2}$. Die Mathematiker haben seit dem 19. Jahrhundert auch andere Normen und Abstandsbegriffe diskutiert, z.B. die p-Norm $|x|_p = (\sum_i (x_i)^p)^{1/p}$ für beliebige $p > 0$. Interessanterweise erhält man nur für $p = 2$, also im euklidischen Fall, eine große Gruppe von abstandstreuen Abbildungen *(Isometrien)*, was zuerst *H. von Helmholtz* bewiesen hat.[6] Das ist Teil einer allgemeineren Feststellung: Generell haben nur 2-Linearformen (Bilinearformen) eine große Transformationsgruppe, p-Linearformen für $p \geq 3$ dagegen nur in Ausnahmefällen.[7] Daher gibt es bei beliebiger Dimensionszahl (nach *Tits*) nur drei Typen von „Geometrien": Sie gehören zu einem Vektorraum ohne weitere Struktur oder mit einer nicht-entarteten symmetrischen oder antisymmetrischen Bilinearform. Es sind dies die *Projektive*, die *Polare* und die *Symplektische* Geometrie. Die Metrische Geometrie gehört in diesem Sinn zur Polaren Geometrie, von der wir später mit der Geometrie der Kreise und Kugeln (Abschn. 6.5 und 6.6) noch weitere Vertreter kennenlernen werden. Die Symplektische Geometrie liegt der Hamiltonschen Mechanik zugrunde und ist derzeit ein sehr aktives Forschungsgebiet; in diesem Buch wird sie aber weiter keine Rolle spielen. Neben diesen *klassischen Geometrien* gibt es in bestimmten Dimensionen, z. B. in Dimension 7, *Ausnahmegeometrien*, die alle irgendwie mit der schon erwähnten Oktavenalgebra $\mathbb{O}$ zusammenhängen.

4.3   Isometrien des euklidischen Raums

Wir erinnern daran, dass eine lineare Abbildung oder Matrix $A : \mathbb{R}^n \to \mathbb{R}^n$ *orthogonal*[8] heißt, wenn ihre Spalten $Ae_1, ..., Ae_n$ eine *Orthonormalbasis* bilden: $\delta_{ij} = \langle Ae_i, Ae_j \rangle = e_i^T (A^T A) e_j$ oder $A^T A = I$ (wobei $I = (\delta_{ij})$ die Einheitsmatrix auf $\mathbb{R}^n$ bezeichnet). Das sind genau diejenigen linearen Abbildungen, die das Skalarprodukt erhalten: $\langle Ax, Ay \rangle = \langle x, y \rangle$ für alle $x, y \in \mathbb{R}^n$, denn $\langle Ax, Ay \rangle = (Ax)^T Ay = x^T A^T Ay$. Natürlich bleibt insbesondere die Norm erhalten: $|Ax|^2 = \langle Ax, Ax \rangle = \langle x, x \rangle = |x|^2$, aber es gilt auch die Umkehrung: Wenn A die Norm erhält, $|Ax| = |x|$ für alle $x \in \mathbb{R}^n$, dann ist A bereits orthogonal. Das ergibt sich mit dem Polarisierungstrick:

$$2\langle Ax, Ay \rangle = |A(x + y)|^2 - |Ax|^2 - |Ay|^2 = |x + y|^2 - |x|^2 - |y|^2 = 2\langle x, y \rangle.$$

Da diese Eigenschaften bei Komposition und Invertierung erhalten bleiben, bilden die orthogonalen Matrizen eine Untergruppe $O(n)$ der Gruppe $GL(\mathbb{R}^n)$ aller invertierbaren Matrizen, genannt die *orthogonale Gruppe*.

Satz 4.2 *Abstandserhaltende Abbildungen (Isometrien) des euklidischen $\mathbb{R}^n$ sind affine Abbildungen, und eine affine Abbildung $x \mapsto Ax + b$ ist eine Isometrie genau dann, wenn $A \in O(n)$.*

---

[6]Hermann von Helmholtz, 1821 (Potsdam) – 1894 (Berlin): *Über die Tatsachen, welche der Geometrie zugrunde liegen*, Nachr. der Ges. d. Wiss. Göttingen 1868; siehe auch Hermann Weyl: *Raum, Zeit, Materie*, Springer-Verlag 1919.
[7]Zum Beispiel gibt es im $\mathbb{R}^7$ eine alternierende 3-Linearform mit einer großen Gruppe von Automorphismen; es ist die Automorphismengruppe der schon früher erwähnten *Oktavenalgebra*.
[8]Es sollte besser *orthonormal* heißen, aber „orthogonal" hat sich eingebürgert.

Beweis Nach Satz 4.1 sind Strecken durch eine rein metrische Eigenschaft gekennzeichnet, die unter Isometrie erhalten bleibt. Eine Isometrie $F : \mathbb{R}^n \to \mathbb{R}^n$ bildet also Strecken auf Strecken und damit auch Geraden auf Geraden ab. Außerdem ist F auch parallelentreu, denn Parallelen sind Geraden von konstantem Abstand voneinander. Daher ist F affin, also $F(x) = Ax + b$ für eine lineare Abbildung A und einen Vektor b. Dann ist $|Fx - Fy| = |Ax + b - Ay - b| = |Ax - Ay| = |A(x - y)|$, und $|A(x - y)| = |x - y|$ für alle x, y genau dann, wenn $A \in O(n)$. $\square$

Die Isometrien des $\mathbb{R}^n$ bilden also eine Untergruppe der affinen Gruppe, die *Euklidische Gruppe* $E(n)$; sie ist wie die affine Gruppe ein *semidirektes Produkt* (vgl. die Übungsaufgaben 6 und 17) der orthogonalen Gruppe $O(n)$ mit der Translationsgruppe $\mathbb{R}^n$. Insbesondere schreibt sich jede Isometrie F als Komposition einer orthogonalen Abbildung mit einer Translation: $F = T_b \circ A$. Wenn die orthogonale Abbildung A positive Determinante hat („$A \in SO(n)$") und damit orientierte Basen wieder in orientierte Basen überführt, so heißt F eine *orientierte Isometrie* oder *eigentliche Bewegung*.[9]

4.4   Klassifikation von Isometrien

Eine besondere Rolle unter den Isometrien spielen die *Hyperebenenspiegelungen*. Die Spiegelung an einer affinen Hyperebene $H \subset \mathbb{R}^n$ ist die Isometrie S, die die Punkte von H fest lässt und jeden Punkt auf einer Seite von H auf sein Gegenüber im gleichen Abstand auf der anderen Seite von H abbildet. Wenn H durch den Ursprung geht, also ein linearer Unterraum ist, sprechen wir von einer *linearen Hyperebenenspiegelung;* in diesem Fall ist

$$S(x) = x - 2\frac{\langle x, h \rangle}{\langle h, h \rangle} h \tag{4.12}$$

für alle x, wobei $h \neq 0$ ein Vektor senkrecht zu H ist; die Komponente von x senkrecht zu H muss zweimal abgezogen werden, um „auf die andere Seite" zu kommen.

Satz 4.3 *Jede nichttriviale orthogonale Abbildung des $\mathbb{R}^n$ ist Komposition von höchstens n linearen Hyperebenenspiegelungen. Jede Isometrie des $\mathbb{R}^n$ ist Komposition von höchstens $n + 1$ Hyperebenenspiegelungen.*

Beweis Wir zeigen die erste Aussage durch Induktion über n. Für $n = 1$ gibt es nur eine einzige nichttriviale orthogonale Abbildung, nämlich $x \mapsto -x$, und diese ist Spiegelung an der

---

[9]Zwei Basen eines n-dimensionalen $\mathbb{R}$-Vektorraums heißen *gleichorientiert,* wenn die Übergangsmatrix zwischen ihnen positive Determinante hat. Dies ist eine Äquivalenzrelation auf der Menge der Basen, und es gibt genau zwei Äquivalenzklassen. Die Auswahl einer der beiden Klassen nennen wir eine *Orientierung* des Vektorraums. Eine Basis, die zu dieser Klasse gehört, heißt dann eine *orientierte Basis.* Im $\mathbb{R}^n$ ist die Orientierung durch die Klasse der Standardbasis $(e_1, ..., e_n)$ gegeben.

„Hyperebene" 0. Ist nun $A \in O(n)$ und gilt zufällig $Ae_n = e_n$, so bildet A den Unterraum $\mathbb{R}^{n-1} = (e_n)^\perp$ auf sich selbst ab und $A' := A|_{\mathbb{R}^{n-1}} \in O(n-1)$. Nach Induktionsvoraussetzung ist A' Komposition von Spiegelungen an $k \leq n-1$ Hyperebenen $H_1', ..., H_k' \subset \mathbb{R}^{n-1}$. Dann ist auch A Komposition von Spiegelungen an den k Hyperebenen $H_1, ..., H_k \subset \mathbb{R}^n$ mit $H_i = H_i' + \mathbb{R}e_n$.

Wenn aber $Ae_n \neq e_n$, so betrachten wir $B = SA$, wobei S die Spiegelung an der Hyperebene $H = (Ae_n - e_n)^\perp$, der Mittelsenkrechten auf der Strecke $[e_n, Ae_n]$ ist. Dann bildet S die Vektoren e_n und Ae_n aufeinander ab und damit gilt $Be_n = SAe_n = e_n$. Wie vorher ist B Komposition von höchstens $n-1$ linearen Hyperebenenspiegelungen und $A = SB$ Komposition von höchstens n solchen Spiegelungen. Damit ist die erste Aussage bewiesen.

Ist F nun eine beliebige Isometrie mit $F(0) \neq 0$, so betrachten wir die Spiegelung S an der Hyperebene H, die die Mittelsenkrechte auf der Strecke $[0, F(0)]$ ist (nämlich $H = F(0)^\perp + \frac{1}{2}F(0)$); diese bildet die Punkte 0 und $F(0)$ aufeinander ab. Dann ist die Abbildung $A = S \circ F$ linear und damit (als Isometrie) orthogonal, denn $A(0) = S(F(0)) = 0$. Also ist A Komposition von höchstens n Hyperebenenspiegelungen, und $F = S \circ A$ ist Komposition von höchstens $n+1$ Hyperebenenspiegelungen. □

Korollar 4.4 *Jede nichttriviale Isometrie des $\mathbb{R}^2$ gehört zu einer der folgenden vier Klassen:*

(a) *Translationen (in beliebige Richtungen),*
(b) *Drehungen (um beliebige Drehzentren),*
(c) *Spiegelungen (an beliebigen Achsen),*
(d) *Gleitspiegelungen (längs beliebiger Achsen).*

Beweis Eine Isometrie des $\mathbb{R}^2$ kann Komposition von 1, 2 oder 3 Spiegelungen sein. Bei einer Spiegelung sind wir im Fall (c). Bei zwei Spiegelungen können die Achsen sich schneiden – dann erhalten wir eine Drehung um den Schnittpunkt der Achsen (Fall (b)), wobei der Drehwinkel das Doppelte des Winkels zwischen den beiden Achsen ist, oder sie können parallel sein und wir erhalten eine Translation senkrecht zu den beiden Achsen um das Doppelte ihres Abstandes. Im Fall von drei Spiegelungen können alle drei Achsen parallel sein, dann ergibt sich eine Spiegelung an einer weiteren dazu parallelen Achse. Andernfalls sind höchstens zwei Achsen parallel, und die dritte schneidet die beiden anderen. Dann können wir die Achsen in eine spezielle Lage bringen und zeigen, dass es sich um eine Gleitspiegelung handelt (Klasse (d)).

Grundlage dafür ist die folgende Beobachtung: Die Komposition von zwei Spiegelungen an nicht parallelen Achsen ist eine Drehung um deren Schnittpunkt, aber die gleiche Drehung erhalten wir auch, wenn wir das Achsenpaar um einen beliebigen Winkel um den Schnittpunkt drehen.

Die gegebene Isometrie sei $F = S_3 S_2 S_1$, und die Achsen der drei Spiegelungen S_1, S_2, S_3 werden entsprechend mit 1, 2, 3 bezeichnet. Wir können annehmen, dass die Achsen 1 und

2 einen Schnittpunkt D besitzen: Sollten sie parallel sein, so schneiden sich nach Annahme jedenfalls die Achsen 2 und 3, und nach einer Drehung dieses Achsenpaares um den Schnittpunkt schneiden sich 1 und 2; dabei wurden zwar S_2 und S_3 einzeln, aber nicht ihre Komposition $S_3 S_2$ verändert. Nun drehen wir die Achsen 1 und 2 um ihren Schnittpunkt D (Figur (a)) und erhalten ein neues Achsenpaar $(1', 2')$ durch D, wobei $2'$ die Achse 3 in einem Punkt D' im rechten Winkel schneidet (Figur (b)). Danach drehen wir das Achsenpaar $(2', 3)$ um D'; das neue Achsenpaar $(2'', 3'')$ hat die Eigenschaft, dass $3''$ senkrecht und $2''$ parallel zu $1'$ ist (Figur (c)). Jetzt ist $F = S_3 S_2 S_1 = S_3 S_2' S_1' = S_3'' S_2'' S_1'$, und somit ist F die Komposition der Translation $T = S_2'' S_1'$ (die Spiegelachsen $2''$ und $1'$ sind ja zueinander parallel) mit der Spiegelung S_3'', deren Spiegelachse parallel zur Translationsrichtung von T ist. So eine Abbildung ist eine *Gleitspiegelung*. $\qquad\square$

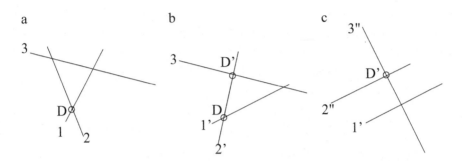

Korollar 4.5 *Jede orientierte orthogonale Abbildung des $\mathbb{R}^3$ besitzt eine Achse: Ist $A \in O(3)$ orientiert, d. h.* $\det A > 0$, *dann gibt es einen Vektor $a \neq 0$ mit $Aa = a$.*

Beweis A kann Komposition von 1, 2 oder 3 linearen Ebenenpiegelungen sein, aber weil $\det A > 0$, sind 1 oder 3 Ebenenspiegelungen nicht möglich. Also ist $A = S_1 S_2$, wobei S_1, S_2 Spiegelungen an zwei Ebenen H_1, H_2 durch 0 sind. Diese schneiden sich in einer Geraden $\mathbb{R}a$, die unter S_1 und S_2, also unter A punktweise fest bleibt. $\qquad\square$

Korollar 4.6 *Jede orientierte Isometrie des $\mathbb{R}^3$ ist eine Schraubung, d. h. eine Drehung gefolgt von einer Translation in Richtung der Drehachse.*

Beweis Die gegebene Isometrie sei $F = T_b \circ A$ mit $A \in SO(3)$. Nach Korollar 4.5 hat A einen Fixvektor a. Wir betrachten die orthogonale Zerlegung $\mathbb{R}^3 = \mathbb{R}a \oplus a^\perp$; jeder Vektor $x \in \mathbb{R}^3$ zerfällt eindeutig in $x = x_a + x_\perp$ mit $x_a \in \mathbb{R}a$ und $x_\perp \in a^\perp$; insbesondere $b = b_a + b_\perp$. Dann ist $Ax = x_a + Ax_\perp$ und $Fx = x_a + b_a + Ax_\perp + b_\perp$. Die letzten beiden Summanden $Ax_\perp$ und $b_\perp$ liegen in $a^\perp$ und definieren eine Isometrie $F^\perp$ der Ebene $a^\perp$ durch $F^\perp(x_\perp) = Ax_\perp + b_\perp$. Diese ist orientiert, aber keine Translation, also nach Korollar 4.4 eine Drehung um ein Drehzentrum $c \in a^\perp$. Die Isometrie F ist also die Komposition der

Drehung ($x = x_a + x_\perp \mapsto x_a + F^\perp x_\perp$) um die Achse $c + \mathbb{R}a$ mit der Translation T_{b_a} in Richtung der Drehachse. □

Korollar 4.7 *Jede Isometrie des* $\mathbb{R}^3$ *gehört zu einem der folgenden drei Typen:*

(a) die triviale Fortsetzung einer Isometrie von $\mathbb{R}^2$ *auf* $\mathbb{R}^3 = \mathbb{R}^2 \times \mathbb{R}$,
(b) eine Schraubung,
(c) eine Drehspiegelung: Spiegelung und Drehung in der Spiegelebene.

Beweisskizze Nach Korollar 4.6 müssen wir nur noch den nicht-orientierten Fall untersuchen, also eine Isometrie F, die aus (einer oder) drei Spiegelungen besteht. Wenn die drei Spiegel drei parallele Geraden enthalten, dann liegt der Fall (a) vor. Andernfalls schneiden sich zwei der drei Spiegel in einer Geraden, die auch den dritten Spiegel trifft. Dieser Schnittpunkt wird von allen drei Spiegelungen fest gelassen; er ist also ein Fixpunkt unserer Abbildung F, und wir können ihn in den Ursprung 0 legen. Die drei Spiegel schneiden eine Sphäre mit Zentrum 0 in drei Großkreisen. Durch einen ähnlichen Prozess wie im Beweis von Korollar 4.4 (Drehen von je zwei Spiegeln um ihre Schnittlinie) können wir erreichen, dass der dritte Spiegel die beiden anderen senkrecht schneidet; das Ergebnis ist eine Drehspiegelung.

4.5 Platonische Körper

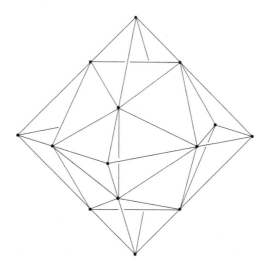

Ein *platonischer Körper*[10] im $\mathbb{R}^3$ ist eine konvexe Menge, die von kongruenten regelmäßigen ebenen Vielecken begrenzt wird, wobei an jeder Ecke gleich viele dieser Vielecke angrenzen. Es gibt fünf solche Körper: Tetraeder, Würfel, Oktaeder, Dodekaeder und Ikosaeder.[11] Die Figur zeigt das Oktaeder mit den Eckpunkten $(\pm 1, 0, 0)$, $(0, \pm 1, 0)$, $(0, 0, \pm 1)$ und darin ein Ikosaeder, dessen 12 Eckpunkte auf den 12 Kanten des Oktaeders liegen, wobei jede Kante im goldenen Schnittverhältnis unterteilt wird (siehe Übung 10).

Warum gibt es nicht mehr als diese fünf? Um das zu verstehen, betrachten wir eine Ecke eines solchen Körpers mit den dort angrenzenden Vielecken, den *Stern* der Ecke; dieser bestimmt den Körper bereits eindeutig (siehe unten). Die Innenwinkel aller Vielecke, die dort zusammenkommen, müssen sich zu einem Wert $< 360°$ aufsummieren, damit eine räumliche Ecke entstehen kann. Bei regelmäßigen Dreiecken ist der Innenwinkel $60°$; es dürfen in jeder Ecke also 3, 4 oder 5 Dreiecke aneinanderstoßen (Tetraeder, Oktaeder, Ikosaeder); 6 Dreiecke bilden bereits ein ebenes Muster ($6 \cdot 60 = 360$) und keine räumliche Ecke mehr. Bei regelmäßigen Vierecken (Quadraten) ist dieser Winkel $90°$; daher können nur 3 von ihnen an einer Ecke zusammenkommen (Würfel), denn 4 bilden bereits ein ebenes Muster ($4 \cdot 90 = 360$). Auch bei Fünfecken können nur 3 zusammenkommen (Dodekaeder), denn der Winkel ist $108°$ und $4 \cdot 108 > 360$. Sechsecke kommen gar nicht mehr vor, denn bereits drei von ihnen bilden ja ein ebenes Muster (Bienenwabenmuster), und höhere Vielecke mit Winkel $> 120°$ kommen erst recht nicht mehr in Betracht; die Liste der platonischen Körper ist also vollständig.

Gibt es „platonische Körper" auch in anderen Dimensionen? Dazu müssen wir erst den Begriff genau klären: Einen *platonischer Körper in* $\mathbb{R}^n$ definieren wir als ein *reguläres konvexes Polytop*. Diese Begriffe müssen erklärt werden. Ein n-dimensionales konvexes *Polytop* $P \subset \mathbb{R}^n$ ist der Durchschnitt von endlich vielen *Halbräumen* $H_{v,\lambda} = \{x \in \mathbb{R}^n; \ \langle x, v \rangle \geq \lambda\}$ mit $v \in \mathbb{R}^n \setminus \{0\}$ und $\lambda \in \mathbb{R}$. Ein n-dimensionales konvexes Polytop wird von endlich vielen $(n-1)$-dimensionalen konvexen Polytopen begrenzt, den *Seiten,* deren Seiten wiederum $(n-2)$-dimensionale konvexe Polytope sind usw. Eine absteigende Kette von Seiten $P \supset S_1 \supset S_2 ... \supset S_n$ bis hinunter zu einem Punkt S_n (einer *Ecke* von P) nennen wir eine *Fahne.* Das konvexe Polytop ist durch seine Ecken bereits bestimmt; es ist deren konvexe Hülle. Die *Symmetriegruppe* G_P eines Polytops P ist die Menge aller Isometrien des $\mathbb{R}^n$, die die Teilmenge $P \subset \mathbb{R}^n$ invariant lassen: $G_P = \{F \in E(n); \ F(P) = P\}$. Ein Polytop heißt *regulär,* wenn seine Symmetriegruppe transitiv auf der Menge der Fahnen wirkt. Insbesondere ist die Menge der Ecken $v_1, ..., v_N$ und damit auch deren Mittel oder Schwerpunkt $s = \frac{1}{N} \sum_i v_i$ invariant unter jedem $F \in G_P$, das ja eine affine Abbildung ist (vgl.

---

[10]Platon, 427–347 v. Chr. (Athen).

[11]Zur Zeit von Pythagoras kannte man vermutlich nur drei dieser Körper, Tetraeder, Würfel und Dodekaeder, während Oktaeder und Ikosaeder von *Theaitetos* (415–365 v. Chr., Athen) gefunden wurden, einem Freund Platons, der auch die Vollständigkeit dieser Liste bewies. Jedenfalls gibt es einen antiken Kommentar zu Euklids „Elementen", vermutlich von *Pappos,* der dies behauptet (Euklid [7], S. 471). Platon hat in seinem Dialog „Timaios" diese fünf Körper thematisiert. Siehe auch John Baez: „Who discovered the Icosahedron?", http://math.ucr.edu/home/baez/icosahedron/.

Abschn. 2.5). Weil wir s als Ursprung 0 wählen können, lässt G_P den Ursprung fest und besteht somit aus linearen Isometrien, $G_P \subset O(n)$. Jede $(n-2)$-dimensionale Seite S_2 liegt in genau einer Hyperebene H durch den Ursprung, und die Spiegelung an H gehört zu G_P und vertauscht die beiden an S_2 angrenzenden Seiten.

Ist v eine Ecke („Vertex") von P, so bezeichnen wir die Vereinigung aller an v angrenzenden Seiten von P als Stern von v. Dieser bestimmt das ganze Polytop bereits eindeutig, denn alle übrigen Seiten erzeugen wir durch sukzessive Spiegelungen an den bereits bekannten $(n-2)$-dimensionalen Seiten.

Die n-dimensionalen regulären konvexen Polytope für $n = 2$ sind die regelmäßigen Vielecke, für $n = 3$ sind es die klassischen platonischen Körper. In jeder Dimension $n \geq 3$ gibt es wenigstens drei reguläre konvexe Polytope:

1. Das *Simplex,* die Verallgemeinerung des Tetraeders, mit den $n+1$ Ecken $e_1, ..., e_{n+1}$ in der Hyperebene $D := \{x \in \mathbb{R}^{n+1};\ \sum_i x_i = 1\} \subset \mathbb{R}^{n+1}$, die wir mit $\mathbb{R}^n$ identifizieren können,
2. den *Würfel* mit den 2^n Ecken $(\pm 1, ..., \pm 1) \in \mathbb{R}^n$,
3. den *Kowürfel,* die n-dimensionale Verallgemeinerung des Oktaeders, mit den $2n$ Ecken $\pm e_1, ..., \pm e_n$.

Das zugehörige Polytop ist jeweils die konvexe Hülle der Eckenmenge. Dodekaeder und Ikosaeder gehören aber nicht zu diesen drei Typen. Gibt es solche Ausnahmen auch in anderen Dimensionen? Die Antwort ist erstaunlich: Ja, aber nur noch in Dimension $n = 4$.

Wir können die regulären Polytope in $\mathbb{R}^4$ ganz ähnlich klassifizieren wie die in $\mathbb{R}^3$. Sie werden von gleichartigen dreidimensionalen regulären Polytopen, also platonischen Körpern begrenzt. An jeder eindimensionalen Kante müssen mindestens drei solche Körper zusammenkommen, und wie vorher die Eckenwinkel müssen sich nun die Kantenwinkel zu weniger als 360° aufaddieren, denn der Schnitt von P mit einer Hyperebene senkrecht zur Kante ist ein dreidimensionales konvexes Polytop, dessen Eckenwinkelsumme somit kleiner als 360° ist. Beim Tetraeder sind die Kantenwinkel gut 70° (Übung 31); wir können also 3, 4 oder 5 Tetraeder um eine Kante herumlegen. Bei Würfeln sind die Kantenwinkel 90°, und wir können nur drei von ihnen um eine Kante herum anordnen (mit vier würden wir den dreidimensionalen Raum füllen). Für das Oktaeder lässt sich der Kantenwinkel ebenfalls leicht berechnen: Eine der Begrenzungsflächen Σ_1 hat die Eckpunkte e_1, e_2, e_3 und damit den Normalenvektor[12] $v_1 = e_1 + e_2 + e_3$, und eine Nachbarfläche Σ_2 wird durch die Punkte $e_1, e_2, -e_3$ aufgespannt und hat somit den Normalenvektor $v_2 = e_1 + e_2 - e_3$. Der Winkel β zwischen v_1 und v_2 erfüllt $\cos \beta = \frac{\langle v_1, v_2 \rangle}{|v_1||v_2|} = \frac{1}{3}$, also ist β gut 70°.

---

[12]Ein *Normalenvektor* v auf einer affinen Ebene in $\mathbb{R}^3$ ist ein Vektor senkrecht zu den Richtungen in der Ebene. Geht die Ebene zum Beispiel durch drei (affin unabhängige) Punkte u, v, w, dann ist v senkrecht zu $v - u$ und $w - u$. Der Normalenvektor ist nur bis auf einen reellen Skalar bestimmt; fordert man $|v| = 1$, so gibt es noch immer zwei Möglichkeiten.

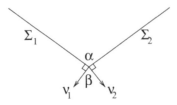

Der gesuchte Kantenwinkel $\alpha = 180° - \beta$ ist also knapp $110°$, und damit passen noch 3
Oktaeder um eine Kante. Auch der Kantenwinkel des Dodekaeders ist kleiner als $120°$ und wir
können deshalb noch drei Dodekaeder um eine Kante anordnen. Beim Ikosaeder dagegen ist
der Kantenwinkel zu groß. Wir haben also sechs mögliche Anordnungen gefunden: Um eine
Kante herum können jeweils 3, 4, 5 Tetraeder, 3 Würfel, 3 Oktaeder oder 3 Dodekaeder liegen.

Die zugehörigen vierdimensionalen platonischen Körper mit Tetraedern als Seiten[13] sind
das Simplex, der Kowürfel und ein neues Polytop mit 120 Ecken, 720 Kanten, 1200 regelmäßigen Dreiecken und 600 Tetraedern, das *600-Zell*. Die drei anderen Möglichkeiten mit
Würfeln, Oktaedern und Dodekaedern als Seiten ergeben den vierdimensionalen Würfel und
zwei neue Körper, das *24-Zell* mit 24 Oktaedern und Ecken sowie 96 Kanten und Dreiecken
und das *120-Zell*, das *dual* zum 600-Zell ist (die Ecken des *dualen Polytops* sind die Seiten-
mittelpunkte des gegebenen, siehe Fußnote 14), mit 120 Dodekaedern, 720 regelmäßigen
Fünfecken, 1200 Kanten und 600 Ecken. Das 24-Zell ist wie das Simplex *selbstdual,* und
seine 24 Ecken sind die Würfelecken ($\pm1, \pm1, \pm1, \pm1$) zusammen mit den Kowürfelecken
$\pm2e_i, i = 1, 2, 3, 4$ (vgl. Übung 33). Das 600-Zell hat auch diese Ecken und noch 96 weitere,
die aus dem Vektor ($\pm\phi, \pm1, \pm\phi^{-1}, 0$) durch alle geraden Permutationen der Koordinaten
entstehen; dabei ist $\phi = \frac{1+\sqrt{5}}{2}$ der Goldene Schnitt (vgl. M. Berger [1], Band II, S. 32–36).

Dass es in den folgenden Dimensionen nur noch Simplex, Würfel und Kowürfel gibt,
lässt sich wieder mit den Winkeln der Seitennormalen dieser sechs Körper begründen (vgl.
Übung 31).

4.6   Symmetriegruppen von platonischen Körpern

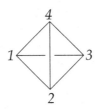

---

[13]Die Vereinigung aller Seiten, die an eine Kante angrenzen, der *Stern* der Kante, bestimmt das
reguläre Polytop ebenso wie der Stern einer Ecke.

Welche Symmetrien haben die platonischen Körper? Eine *Symmetrie eines Körpers* ist eine Isometrie des umgebenden Raums, die den Körper (als Teilmenge dieses Raums) invariant lässt. Die bekanntesten Symmetrien sind die Spiegelungen; die zugehörigen Spiegel (Fixebenen) heißen *Symmetrieebenen*. Beim Tetraeder (siehe Figur) sehen wir sofort die Symmetrieebenen; z. B. ist die Spiegelung an der Ebene, die die Gerade 24 und den Mittelpunkt der Strecke $\overline{13}$ enthält, eine Symmetrie des Tetraeders, die die Punkte 2 und 4 fix lässt sowie 1 und 3 miteinander vertauscht. Das Gleiche können wir mit jedem anderen Punktepaar $i, j \in \{1, 2, 3, 4\}$ machen. Die Symmetriegruppe des Tetraeders enthält also alle Vertauschungen von zwei Eckpunkten, während die beiden anderen Eckpunkte fix bleiben. Da alle Permutationen Verkettungen von Transpositionen (Vertauschungen) sind, enthält die Symmetriegruppe des Tetraeders alle Permutationen der Menge $\{1, 2, 3, 4\}$, also die ganze Gruppe S_4 *(Symmetrische Gruppe)*. Andererseits definiert jede Symmetrie eine Permutation der vier Eckpunkte, und diese Permutation bestimmt die Symmetrie eindeutig, somit ist S_4 die Symmetriegruppe des Tetraeders. Ebenso sieht man, dass S_n die Symmetriegruppe des n-dimensionalen Simplex ist. Wollen wir statt aller Symmetrien nur die *Drehungen* bestimmen, die Isometrien, die die Orientierung erhalten (Determinante 1), dann müssen wir uns auf diejenigen Permutationen der Eckenmenge $\{1, 2, 3, 4\}$ beschränken, die Verkettungen einer geraden Anzahl von Transpositionen sind, denn die Transpositionen sind Ebenenspiegelungen, haben also Determinante -1. Diese Permutationen bilden die Untergruppe A_4, die *Alternierende Gruppe;* die Drehgruppe des Tetraeders ist also die A_4.

Die nächsten beiden platonischen Körper, Würfel und Oktaeder, sind eng miteinander verbunden: Man erhält das Oktaeder als konvexe Hülle der Flächenmittelpunkte des Würfels und umgekehrt den Würfel als konvexe Hülle der Flächenmittelpunkte des Oktaeders; die beiden Körper sind *dual* zueinander, wie man sagt. Die Zahlentripel

(Flächenzahl, Kantenzahl, Eckenzahl)

werden bei Dualität umgedreht: (6,12,8) beim Würfel, (8,12,6) beim Oktaeder. Ebenso sind Dodekaeder und Ikosaeder mit den Tripeln (12,30,20) und (20,30,12) zueinander dual, während das Tetraeder (4,6,4) zu sich selbst dual ist.[14] Die Symmetriegruppe von dualen Körpern ist gleich, denn eine Symmetrie des Körpers erhält auch die Menge der Flächenmittelpunkte. Wir wollen zunächst nur die Drehgruppe des Würfels bestimmen. Es gibt genauso viele Drehungen wie (achsenparallele) Lagen oder Positionen des Würfels; die Drehgruppe wirkt *einfach transitiv* auf der Menge der Positionen. Wie viele Positionen gibt es? Wir können jede der 6 Würfelseiten nach oben legen, und danach noch jede der 4 Kanten einer Seite nach vorn bringen; damit ist die Lage bestimmt. Es gibt also $6 \cdot 4 = 24$ Lagen und ebenso viele Drehungen des Würfels. Bei jeder Drehung werden die vier Raumdiagonalen des Würfels

---

[14]Das Konzept der Dualität funktioniert genauso bei höheren Dimensionen. In Dimension 4 sind die platonischen Körper mit drei Tetraedern und mit drei Oktaedern pro Kante (Simplex und 24-Zell) zu sich selbst dual, der vierdimensionale Würfel (3 Würfel pro Kante) ist zum vierdimensionalen Oktaeder (4 Tetraeder pro Kante) dual, und die beiden übrigen Körper, das 600-Zell und das 120-Zell (5 Tetraeder bzw. 3 Dodekaeder pro Kante) sind ebenfalls dual zueinander; vgl. [2], S. 128.

permutiert. Es gibt 4! = 24 solcher Permutationen und ebenso viele Drehungen, deshalb ist
die Drehgruppe des Würfels genau die Permutationsgruppe der vier Raumdiagonalen. Zum
Beispiel entspricht der Transposition (23), der Vertauschung der Diagonalen 2 und 3 ohne
Veränderung der Diagonalen 1 und 4, die 180-Grad-Drehung in der Ebene 14, die durch die
Diagonalen 1 und 4 aufgespannt wird.

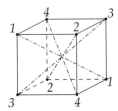

Die volle Symmetriegruppe ist jetzt leicht zu ermitteln, denn im Gegensatz zum Tetraeder
ist der Würfel invariant unter der Punktspiegelung am Mittelpunkt *(Antipodenabbildung)*,
gegeben durch die Matrix $-I = \begin{pmatrix} -1 & & \\ & -1 & \\ & & -1 \end{pmatrix}$. Dies ist eine „Spiegelung", denn $\det(-I) =$
$(-1)^3 = -1$. Da die Drehgruppe eine Untergruppe vom Index 2 in der Symmetriegruppe ist
(die Komposition von je zwei Spiegelungen ist eine Drehung), ist die volle Symmetriegruppe
des Würfels gleich Drehgruppe $\times \{\pm I\} = S_4 \times \{\pm I\}$; sie hat 48 Elemente.

Das gleiche Argument gilt für das Ikosaeder, das ja ebenfalls invariant unter der Antipodenabbildung ist; wir haben also ebenfalls „Symmetriegruppe = Drehgruppe $\times \{\pm I\}$".
Also ist nur die Drehgruppe zu bestimmen. Die Idee mit den Diagonalen funktioniert allerdings diesmal nicht so gut: Das Ikosaeder hat 12 Eckpunkte und damit 6 Diagonalen, die
6! = 720 Permutationen zulassen würden, es gibt aber nur $20 \cdot 3 = 60$ Positionen und
ebenso viele Drehungen des Ikosaeders: Jede der 20 Seiten kann oben liegen, und jede der
drei Kanten vorn, damit ist die Position bestimmt. Die Drehgruppe des Ikosaeders ist also
lediglich eine (interessante!) *Unter*gruppe der Permutationsgruppe S_6. Aber es gibt andere
Strukturen innerhalb des Ikosaeders, die bei Drehungen permutiert werden. Wir können das
Ikosaeder so positionieren, dass drei Kantenpaare parallel zu den Koordinatenachsen („in
Achsenlage") sind.

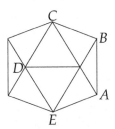

Die Figur zeigt die orthogonale Projektion einer solchen Lage auf eine Koordinatenebene:
Die beiden senkrechten Kanten liegen in der Zeichenebene, ebenso die vordere horizontale

Kante, die mit der hinteren horizontalen bei der Projektion zur Deckung kommt, und die Punkte C und E sind Projektionen von Kanten senkrecht zur Bildebene.[15] Man kann sich in das Ikosaeder ein Oktaeder einbeschrieben denken, dessen 6 Eckpunkte genau auf den Mittelpunkten dieser 6 Kanten liegen.

Nach einer 72-Grad-Drehung des Ikosaeders um eine der Diagonalen kommen 6 neue Kanten in Achsenlage, und keine der vorherigen Kanten bleibt in Achsenlage. Wir können daher die 30 Kanten in 5 Pakete zu je 6 Kanten einteilen, die zueinander parallel oder senkrecht sind. Anders gesagt: Es gibt 5 verschiedene Einbettungen des Oktaeders in das Ikosaeder, die sich jeweils durch eine Drehung unterscheiden. Diese 5 Oktaeder oder 5 Kantenpakete sind unsere Gegenstände, die permutiert werden. Fünf Gegenstände lassen 120 Permutationen zu; die Drehgruppe des Ikosaeders ist also eine Untergruppe der S_5 von der halben Ordnung 60. Es gibt nur eine solche Untergruppe: die A_5. Die Drehgruppe des Ikosaeders ist also A_5 und die volle Symmetriegruppe ist $A_5 \times \{\pm I\}$. Sie hat 120 Elemente wie die S_5, aber sie ist nicht die S_5, denn es gibt keine ungerade Permutation, die mit allen geraden Permutationen kommutiert.

4.7 Endliche Drehgruppen und Kristallgruppen

Die Drehgruppen der platonischen Körper („platonische Gruppen") sind endliche Untergruppen der allgemeinen Drehgruppe $SO(3)$. Gibt es noch weitere solche Gruppen, oder ist jede endliche Untergruppe der $SO(3)$ in einer der drei platonischen Gruppen enthalten? Eine weitere Serie von solchen Gruppen gibt es gewiss noch: die Drehungen und Umklappungen eines regulären n-Ecks. Auch dieses kann in gewissem Sinn als platonischer Körper verstanden werden, als *Dieder* (Di-eder), ein (allerdings recht platter) „Körper" mit nur zwei Flächen (siehe Fußnote 21). Wir wollen zeigen, dass damit die Liste der endlichen Untergruppen der $SO(3)$ wirklich vollständig ist.

Endliche Untergruppen der $SO(3)$ bestehen aus endlich vielen isometrischen Transformationen der Kugelfläche. Wir wollen zunächst ein analoges Problem in der Ebene statt auf der Kugelfläche betrachten. Vielleicht stellen wir uns ein Tapetenmuster vor und dessen Symmetriegruppe G, eine Untergruppe der euklidischen Gruppe $E(2)$. Wegen der unendlichen Ausdehnung der Ebene sollen die Bahnen dieser Gruppe zwar nicht unbedingt endlich sein (das Tapetenmuster setzt sich periodisch fort und wiederholt sich unbegrenzt oft), aber *diskret*.[16] Wir interessieren uns für die Drehungen in G (vgl. Korollar 4.4), also die Elemente

---

[15]Breite und Höhe der Figur sind gleich und stehen zur Kantenlänge im Verhältnis des Goldenen Schnitts. Das ist leicht zu sehen: Die Ikosaederkante ist ja die Kante des Fünfecks, das von den fünf Nachbarecken eines Eckpunktes gebildet wird, z. B. A, B, C, D, E, und die Breite und Höhe der Figur (der Abstand der parallelen Seiten) ist die Diagonale in diesem Fünfeck. Die Seite AB und die Diagonale CE liegen in der Zeichenebene, werden also längentreu abgebildet.

[16]Eine Teilmenge $D \subset \mathbb{R}^n$ heißt *diskret*, wenn für jedes $x \in D$ ein $\epsilon > 0$ existiert mit $D \cap B_\epsilon(x) = \{x\}$, wobei $B_\epsilon(x) := \{y \in \mathbb{R}^n; \ |x - y| < \epsilon\}$.

$g \in G$ mit einem isolierten Fixpunkt A, dem *Drehzentrum* von g. Da g endliche Ordnung n haben muss (sonst wäre die Bahn der Untergruppe $\{g^k;\ k \in \mathbb{Z}\}$ nicht diskret), ist der Drehwinkel $360/n$ Grad, und wenn dieser Winkel so klein wie möglich ist, nennt man n die *Ordnung* des Drehzentrums A. Für jedes $h \in G$ ist hgh^{-1} eine Drehung derselben Ordnung mit Drehzentrum hA. Wir betrachten daher die Bahn von A unter der ganzen Gruppe G.[17] Wenn A nicht von ganz G fixiert wird, besteht diese aus mehreren Punkten. Wir betrachten zwei Punkte A und B in dieser Bahn mit minimalem Abstand; die zugehörigen Drehungen der Ordnung n seien g und h, und wir können annehmen, dass g gegen und h mit dem Uhrzeigersinn dreht. Durch Anwenden von g und h erhalten wir zwei neue Drehzentren $A' = hA$ und $B' = gB$.

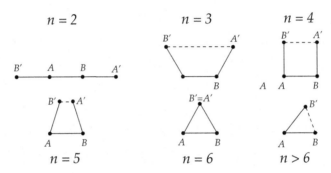

Im Fall $n = 5$ ist der Abstand der Drehzentren B' und A' kleiner als der von A und B, und im Fall $n > 6$ liegt B näher bei B' als bei A; beides steht im Widerspruch zu der Voraussetzung, dass A und B Drehzentren von minimalem Abstand sind. Diese Fälle sind also unmöglich. Die Fälle $n \in \{2, 3, 4, 6\}$ kommen dagegen wirklich vor:[18]

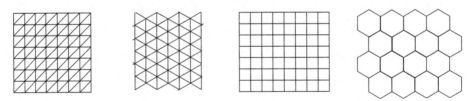

Dieses Resultat $n \in \{2, 3, 4, 6\}$ nennt man die *kristallographische Beschränkung*. Es ist gültig für alle Drehzentren, deren Bahn aus mehr als einem Punkt besteht. Insbesondere gilt

---

[17]Ist $B = hA$ für ein $h \in G$, so ist B das Drehzentrum von $hgh^{-1} \in G$.

[18]Variationen dieser ebenen Muster sind immer wieder zu künstlerischen Zwecken verwendet worden, besonders für Tapeten-, Stoff- und Kachelmuster. Insbesondere die islamische Kunst, der die figürliche Darstellung weitgehend untersagt war, hat geometrische Muster und Ornamente sehr weit entwickelt, vgl. [13].

es, wenn G eine Translation t_v enthält, denn dann ist jede Bahn periodisch in v-Richtung und hat damit sogar unendlich viele Elemente.[19]

Die gleiche Idee können wir auf eine endliche[20] Untergruppe G der orthogonalen Gruppe $O(3)$ anwenden; diese operiert auf der Kugelfläche $\mathbb{S}^2 = \{x \in \mathbb{R}^3; \, |x| = 1\}$ statt in der Ebene $\mathbb{R}^2$. Wie vorher können wir die Bahnen der Drehzentren untersuchen; diese treten jetzt immer in Antipodenpaaren $\{A, -A\}$ auf, denn es sind die Schnitte der Drehachsen (vgl. Korollar 4.5) mit der Einheitssphäre $\mathbb{S}^2$. Wenn der G-Orbit eines Drehzentrums A nur ein oder zwei Elemente hat, A und vielleicht $-A$, dann kann der Drehwinkel $360/n$ Grad für beliebiges $n \in \mathbb{N}$ sein. Dann müssen aber alle anderen Elemente der Gruppe G diese Achse $\mathbb{R}A$ und damit auch die Ebene $A^\perp$ invariant lassen; wir kommen daher auf den zweidimensionalen Fall bei festem Ursprung zurück. Jede solche Gruppe G besteht entweder nur aus Drehungen, dann ist sie die zyklische Gruppe C_n, die von der Drehung mit Drehwinkel $360/n$ Grad erzeugt wird, oder sie enthält auch Spiegelungen ober besser Umklappungen, die A auf $-A$ abbilden, dann ist G die zweifache Erweiterung der C_n, die *Diedergruppe D_n*.[21]

Wenn der Orbit des Drehzentrums A aber aus mindestens drei Punkten besteht und damit ein weiteres Drehzentrum $B \neq \pm A$ enthält, dann können wir wie bei der kristallographischen Beschränkung vorgehen und annehmen, dass A und B in dem Orbit kleinsten Abstand haben. Wieder betrachten wir Drehungen g und h der Ordnung n mit Drehzentren A und B, die gegenläufig drehen, und wie vorher sehen wir, dass $n > 6$ unmöglich ist: Sonst wäre $B' = gB$ zu nahe an B (näher als A). Aber auch $n = 6$ ist diesmal nicht möglich, weil der Abstand auf der Sphäre kleiner ist als der entsprechende Abstand in der Ebene; die Großkreisbögen der Sphäre neigen sich (bei gleichem Winkel) stärker einander zu als die Geraden in der Ebene. Deshalb ist auch hier B' näher an B als A, was nicht sein darf. Es bleiben $n \in \{5, 4, 3, 2\}$.

---

[19]Das Argument gilt (mit einer Einschränkung) auch für diskrete Untergruppen G der *drei*dimensionalen euklidischen Gruppe $E(3)$, sofern G eine Translation t_v enthält. Dabei sind die Drehzentren durch Drehachsen zu ersetzen, und die Einschränkung ist, dass die betrachtete Drehachse nicht parallel zu v ist. *Kristalle* sind dreifach periodische Anordnungen von Atomen, das heißt: Ihre Symmetriegruppe enthält drei linear unabhängige Translationen, und wir finden daher für jede Drehachse eine Translation, die nicht dazu parallel ist. Damit gilt die kristallographische Beschränkung, wobei wir zum Beweis anstelle von zwei Drehzentren mit minimalem Abstand nun zwei parallele Drehachsen mit minimalem Abstand betrachten; das Argument bleibt im Übrigen ungeändert. Es gibt also keine Kristalle, die eine Drehung der Ordnung 5 oder ≥ 7 zulassen, daher der Name „kristallographische Beschränkung". Es gibt allerdings kristallähnliche Strukturen („Quasikristalle"), die Fünfersymmetrie zulassen, siehe z. B. [12], Kap. 17. Auch sie haben eine Beziehung zur islamischen Kunst, siehe z. B. [15] sowie http://myweb.rz.uni-augsburg.de/~eschenbu/zula_saskiamayer.pdf.

[20]Da $O(n)$ kompakt ist (beschränkt und abgeschlossen in $\mathbb{R}^{n \times n}$), ist jede diskrete abgeschlossene Teilmenge von $O(n)$ endlich, denn unendlich viele Elemente würden eine konvergente Teilfolge enthalten.

[21]Ein *Dieder* = Zweiflächner ist eine polygonale Scheibe, die als entarteter platonischer Körper mit nur zwei berandenden Polygonen (Vorder- und Rückseite) angesehen werden kann.

Der Fall $n = 2$ ist etwas spezieller; wir unterscheiden deshalb Gruppen, deren sämtliche Elemente Ordnung 2 haben von solchen, die Elemente von Ordnung $n \in \{3, 4, 5\}$ besitzen. Wir behandeln zunächst diesen letzteren Fall. Ist $n = 5$, so sind $B' = gB$ und $A' = hA$ näher beieinander als A und B, was nur möglich ist, wenn $A' = B'$. Die Punkte A, B, A' bilden also ein gleichseitiges sphärisches Dreieck, und an jeder Ecke kommen (wegen $n = 5$) fünf solche Dreiecke zusammen. Die ganze Bahn von A besteht aus Eckpunkten solcher Dreiecke. Diese müssen sauber aneinandergrenzen, denn wenn zwei von ihnen sich überschnitten, wäre die minimale Abstandsbedingung verletzt. Also ist die Sphäre mit solchen Dreiecken gepflastert, und ihre Ecken bilden die Eckpunkte eines regulären Ikosaeders, siehe Abschn. 4.5.[22] Die Gruppe G erhält dieses Ikosaeder, dessen Eckpunkte ja eine Bahn von G bilden, also ist G eine Untergruppe der Symmetriegruppe des Ikosaeders. Im Fall $n = 4$ ist es ebenso: Weil die Punkte B' und A' auf der Sphäre näher zusammenrücken als in der Ebene, haben sie kleineren Abstand als A und B und müssen daher gleich sein. Wieder bilden die Punkte A, B, A' ein sphärisches Dreieck, aber diesmal kommen nur vier Dreiecke in jedem Eckpunkt zusammen, und wir erhalten das Oktaeder. Ist schließlich $n = 3$, so sind A, B, A', B' Teil eines sphärischen regulären k-Ecks mit Innenwinkel $120°$, dessen Ecken Drehzentren sind. Dabei ist $k = 6$ (erst recht $k > 6$) nicht möglich: In der Ebene würde ein regelmäßiges Sechseck entstehen, aber auf der Sphäre rücken die Punkte bei gleichem Winkel $120°$ näher aneinander und können kein Sechseck (ohne Überschneidung) bilden. Die Drehzentren schließen sich also zu einem sphärischen Fünfeck, Viereck oder Dreieck zusammen, und an jeder Ecke kommen drei dieser Polygone zusammen; wir erhalten daher Dodekaeder, Würfel und Tetraeder.

Haben schließlich alle Elemente von G die Ordnung 2, so muss G kommutativ sein, denn dann ist mit $g, h \in G$ auch $gh \in G$ und hat damit Ordnung 2, also $gh = (gh)^{-1} = h^{-1}g^{-1} = hg$. Jedes $I \neq g \in G$ ist Spiegelung an einem Fixraum $F \subset \mathbb{R}^3$, der die Dimensionen $m = 0, 1, 2$ haben kann. Im Fall $m = 0$ ist $g = -I$ und vertauscht mit jedem $h \in O(3)$; wir können daher $-I \in G$ annehmen (andernfalls erweitern wir G durch Hinzunahme von $-I$). Wenn $m = 1$, dann hat $-g = (-I) \circ g$ einen Fixraum mit $m = 2$, ist also eine Ebenenspiegelung. Wir können daher annehmen, dass G von $-I$ und einigen Ebenenspiegelungen erzeugt wird, die miteinander kommutieren. Ist g Spiegelung an einer Ebene E und h Spiegelung an einer anderen Ebene F, dann vertauscht g mit h genau dann, wenn g den Fixraum F von h invariant lässt; daher muss F auf E senkrecht stehen (d. h. die Normalenvektoren von E und F stehen senkrecht aufeinander), und eine weitere Ebenenspiegelung $k \in G$ muss eine Spiegelebene haben, die sowohl auf E als auch auf F senkrecht steht. Wir können das Koordinatensystem so wählen, dass

---

[22]Die konvexe Hülle der Eckpunkte ist ein Körper, der von gleichseitigen Dreiecken berandet ist, wobei 5 Dreiecke an jeder Ecke zusammenkommen; das ist das Ikosaeder, der 20-Flächner. Die Zahl 20 kann man direkt aus Übung 44 entnehmen: Da 5 kongruente Dreiecke in jedem Eckpunkt zusammenkommen, ist jeder Innenwinkel dort $2\pi/5$, die Winkelsumme jedes sphärischen Dreiecks also $6\pi/5$. Nach Übung 44 ist dann der Flächeninhalt des sphärischen Dreiecks $F = 6\pi/5 - \pi = \pi/5$, also ein Zwanzigstel des gesamten Flächeninhalts 4π der Sphäre. Analog $n = 4$ mit $6\pi/4 - \pi = \pi/2 = 4\pi/8$ (Oktaeder) usw.

e_1, e_2, e_3 die drei Normalenvektoren der Spiegelebenen sind, damit besteht G aus den acht Diagonalmatrizen diag($\pm 1, \pm 1, \pm 1$) in $O(3)$. Diese ist aber eine Untergruppe der Würfel- oder Oktaedergruppe.

Alle endlichen Untergruppen $G \subset O(3)$ sind also Untergruppen der Symmetriegruppen von platonischen Körpern oder Diedern. □

4.8 Metrische Eigenschaften der Kegelschnitte

Eine *Ellipse* mit *Hauptachsen* a und b ($a > b > 0$) entsteht aus der Einheitskreislinie durch Anwenden der Matrix $\begin{pmatrix} a & \\ & b \end{pmatrix}$; dabei werden die beiden Koordinaten jedes Kreispunktes um die Faktoren a und b gestreckt (oder gestaucht). Macht man diese Streckung wieder rückgängig, so entsteht aus einem Punkt (x, y) der Ellipse der Punkt $(\frac{x}{a}, \frac{y}{b})$ der Kreislinie, der also die Gleichung

$$\frac{x^2}{a^2} + \frac{y^2}{b^2} = 1 \tag{4.13}$$

erfüllt *(Gleichung der Ellipse)*. Die *Hyperbel* mit den *Hauptachsen* a und b dagegen erfüllt die analoge Gleichung

$$\frac{x^2}{a^2} - \frac{y^2}{b^2} = 1 . \tag{4.14}$$

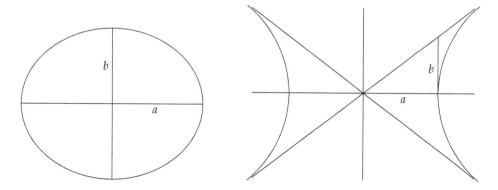

Bewegt man diese Figuren so weit nach rechts, dass der Punkt $(a, 0)$ zu ihrem Mittelpunkt wird, so erhält man stattdessen die Gleichungen

$$\frac{(x-a)^2}{a^2} \pm \frac{y^2}{b^2} = 1 \tag{4.15}$$

(die Punkte $(0, 0)$ und $(2a, 0)$ erfüllen jetzt diese Gleichungen). Lässt man nun beide Hauptachsen a, b gegen ∞ gehen, aber mit der Bedingung, dass stets $b^2 = ac$ für eine Konstante

$c > 0$ gelten soll (jetzt ist auch $a \leq b$ erlaubt), so erhält man im Grenzfall die Gleichung der Parabel

$$\pm y^2 = 2cx. \tag{4.16}$$

In der Tat, die Gl. (4.15) ergibt

$$\frac{x^2}{a^2} - \frac{2x}{a} = \mp \frac{y^2}{b^2},$$

und nach Multiplikation mit b^2 erhalten wir $\pm y^2 = 2cx - x^2 \cdot c/a$. Da $c/a \to 0$, folgt (4.16).

Eine Ellipse besitzt zwei sogenannte *Brennpunkte* F, F', auch *Fokalpunkte* genannt, die im Abstand $f = \sqrt{a^2 - b^2}$ vom Mittelpunkt auf der langen Hauptachse liegen (siehe Übungsaufgabe 35). Sie haben die folgende Eigenschaft:

Satz 4.8 *Die Summe der Abstände von jedem Punkt P auf der Ellipse zu den Brennpunkten F, F' ist konstant.*

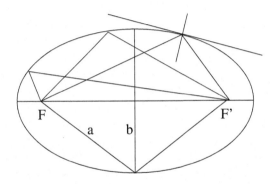

Eine Folgerung davon ist, dass die Winkel zwischen der Tangente in P und den beiden Strecken PF und PF' gleich sind: Wären sie ungleich, so zeigt die Spiegelung S an der Tangente, dass die Summe der Abstände nach einer Seite hin größer würde, siehe Figur (der geknickte Weg ist länger):[23]

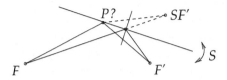

---

[23]Wir haben dabei die Ellipse nahe dem Berührpunkt mit ihrer Tangente identifiziert. Der Fehler ist von 2. Ordnung und daher vernachlässigbar.

Licht- oder Schallwellen, die von einem Brennpunkt F ausgehen und an der Ellipse reflektiert werden, kommen daher im Punkt F' wieder zusammen.

Diese Eigenschaft kann man (ebenso wie die entsprechenden Eigenschaften von Parabel und Hyperbel) mit Hilfe der definierenden Gleichung $\frac{x^2}{a^2} + \frac{y^2}{b^2} = 1$ berechnen, aber in der Geometrie macht es mehr Freude, eine solche Eigenschaft aus einer Figur abzulesen. Dies gelingt, wenn wir die Ellipse (oder Parabel oder Hyperbel) wirklich als *Kegelschnitt*, als Schnitt eines Kegels mit einer Ebene E im Raum auffassen. Etwas einfacher für die Vorstellung ist es, wenn wir den Kegel zunächst durch einen Kreiszylinder ersetzen. Wir betrachten dazu zwei Kugeln, die gerade in den Zylinder oder Kegel hinein passen und die Ebene von oben und von unten berühren *(Dandelinsche Kugeln).*[24] *Die Fokalpunkte F, F' der Ellipse sind gerade die Berührpunkte der Ebene E mit den beiden Kugeln.*

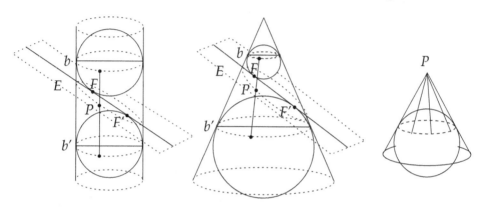

Um dies einzusehen, betrachten wir einen beliebigen Punkt P auf der Ellipse, dem Schnitt der Ebene E mit dem Zylinder- oder Kegelmantel. Die Abstände von P zu F und zum Berührkreis b der oberen Kugel sind gleich, weil alle Tangentenabschnitte von P auf die Kugel gleich lang sind (sie bilden die Mantellinien eines Kreiskegels, siehe rechte Figur), und ebenso ist der Abstand von P zu F' gleich dem Abstand zum Berührkreis b' der unteren Kugel. Die Summe der Abstände von P zu F und F' ist also gleich dem Abstand der beiden Berührkreise, und dieser ist unabhängig von der Wahl des Ellipsenpunktes P, also konstant. Bei der *Hyperbel* ist statt der Summe die Differenz der Abstände zu den Brennpunkten konstant, nämlich gleich dem „Abstand" der beiden Berührkreise, genauer: gleich der Länge der Abschnitte der Mantellinien des Doppelkegels zwischen den beiden Berührkreisen.

---

[24]Germinal Pierre Dandelin, 1794 (Le Bourget) – 1847 (Ixelles).

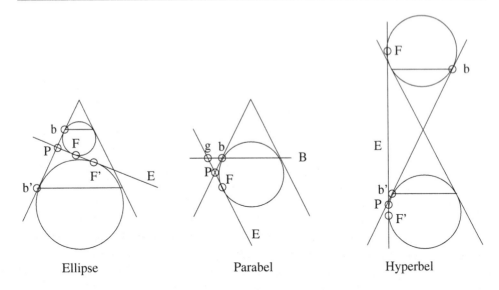

Ellipse	Parabel	Hyperbel

Auch bei der *Parabel* ist der Abstand von P zu F gleich dem zum Berührkreis b. Dieser liegt in einer Ebene B, die die Parabelebene E in einer Geraden g schneidet, und weil E parallel zu einer Erzeugenden (Mantellinie) des Kegels ist, sind die Abstände von P zum Berührkreis und zu g gleich (Gleichschenkligkeit des Dreiecks Pgb in der Figur). Die Abstände von P zum Punkt F und zur *Leitgeraden* g sind also gleich.[25] Betrachtet man eine Parallele g' zur Leitgeraden (siehe nachstehende Figur), so ist daher die Summe der Abstände von P zu F und zu g' gleich dem konstanten Abstand von g und g'. Wieder müssen daher die beiden Winkel der beiden von P ausgehenden Strecken mit der Parabeltangente in P dieselben sein. Alle von F ausgehenden Lichtstrahlen werden also an der Parabel parallel zur Achse reflektiert, und ein aus dieser Richtung einfallendes paralleles Strahlenbündel wird in den Brennpunkt fokussiert; daher kommt die technische Anwendung des Paraboloids[26] in Scheinwerfern sowie bei Parabolspiegeln und Satellitenschüsseln.

---

[25]Leitgeraden gibt es ebenso bei Ellipse und Hyperbel; so wie bei der Parabel ist die Leitgerade die Schnittlinie der Ebene E mit der Ebene des Berührkreises einer der Kugeln. Die Abstände von P zum Fokalpunkt und zur Leitgeraden sind aber nicht mehr gleich, sondern nur noch proportional, denn die Steigungen der Ebene E und der Erzeugenden des Kegels sind nicht mehr gleich, aber doch unabhängig von P; siehe Übung 36.

[26]Das Paraboloid ist bekanntlich die Fläche $\{(x, y, z) \in \mathbb{R}^3; \ z = x^2 + y^2\}$, die bei der Rotation einer Parabel um ihre Achse entsteht.

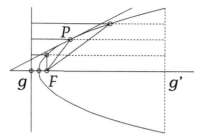

Auf Grund dieser Eigenschaften ist es möglich, Ellipse, Parabel und Hyperbel mechanisch zu erzeugen. Am bekanntesten ist die Gärtner-Konstruktion der Ellipse, bei der ein Faden oder Strick an zwei Stellen, den Fokalpunkten, fixiert und mit dem Zeichengerät straffgezogen wird.

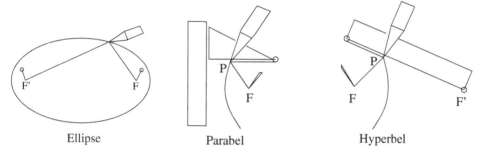

Bei der Parabel fixiert man den Faden mit einem Ende im Fokalpunkt F und mit dem anderen an einer Ecke eines rechtwinkligen Dreiecks (z. B. Geodreiecks) und zieht den Faden mit dem Zeichengerät an der Kante des Dreiecks straff; nun lässt man das Dreieck mit der anderen Kante an einem Lineal (der Leitgeraden g) entlanggleiten. Bei der Hyperbel fixiert man ein Ende eines Lineals an einem Punkt F' des Zeichenpapiers; den Faden befestigt man am anderen Ende des Lineals sowie an einem zweiten Punkt F auf dem Papier, zieht ihn am Lineal straff und dreht nun das Lineal um den Punkt F'.

Bemerkung Die Konstruktion von Dandelin ist ein Beispiel dafür, wie Sätze der ebenen Geometrie manchmal mit Hilfe von räumlicher (dreidimensionaler) Geometrie einfacher zu beweisen sind. Die Sätze von Desargues und Brianchon (Abschn. 3.5 und 3.7) waren weitere Beispiele. Ebenso können Sätze der räumlichen Geometrie manchmal mit Hilfe der vierdimensionalen Geometrie gezeigt werden. Ein Beispiel ist die Ringfläche, auch *Rotationstorus* genannt: die Drehfläche R (siehe Übung 38), die durch Rotation eines Kreises in der Halbebene $\{(x,z) \in \mathbb{R}^2 : x > 0\}$ um die z-Achse im xyz-Raum entsteht. Auf ihr liegen offensichtlich zwei Scharen von (ebenen) Kreisen, die Schnitte der Ringfläche mit Ebenen, die horizontal (senkrecht zur z-Achse) oder vertikal (die z-Achse enthaltend) sind. Nicht so offensichtlich ist eine weitere, schief liegende Schar von Kreisen auf R. Man sieht sie fast ohne Rechnung, wenn man das Bild des Rotationstorus R unter der stereographischen Projektion $\Phi : \mathbb{R}^3 \to \mathbb{S}^3$ betrachtet (siehe Abschn. 6.4). Das ist eine Fläche $F = \mathbb{S}_a^1 \times \mathbb{S}_b^1 \subset \mathbb{C} \times \mathbb{C} = \mathbb{R}^4$ (mit $\mathbb{S}_a^1 := \{w \in \mathbb{C} : |w| = a\}$) mit $a, b > 0$ und $a^2 + b^2 = 1$; damit liegt F in $\mathbb{S}^3 \subset \mathbb{R}^4$. Auf F gibt es (neben $\mathbb{S}_a^1$ und $\mathbb{S}_b^1$) offensichtlich eine weitere Schar ebener Kreise durch jeden Punkt $(w_1, w_2) \in F$, nämlich die *Hopfkreise* $\mathbb{S}^1(w_1, w_2) = \{(\lambda w_1, \lambda w_2) : \lambda \in \mathbb{S}^1 \subset \mathbb{C}\}$. Da die stereographische Projektion Kreise in Kreise abbildet, ist das Bild jedes Hopfkreises unter Φ^{-1} ein Kreis auf dem Rotationstorus R.

Krümmung: Differentialgeometrie

5

Zusammenfassung

Die Differentialgeometrie (siehe z. B. [20]) beschäftigt sich mit Objekten, die nicht mehr geradlinig sind, wie zum Beispiel krumme Linien und Flächen. Die *Krümmung,* die die Abweichung von der Geraden oder der Ebene misst, ist der zentrale Begriff. Während die Krümmung einer Kurve an jeder Stelle durch eine einzige Zahl gegeben wird, ist bei einer Fläche (oder einem höherdimensionalen Gebilde) eine symmetrische Matrix erforderlich, deren Eigenwerte die „Hauptkrümmungen" der Fläche sind; die Eigenvektoren heißen Hauptkrümmungsrichtungen. Wir werden einen kleinen Teil dieser Geometrie entfalten, und zwar nur im Hinblick auf das nachfolgende Kapitel, in dem die einfachsten krummen Flächen, die von Kugelgestalt, eine besondere Rolle spielen. Diese werden wir unter allen krummen Flächen durch die Eigenschaft kennzeichnen, dass *alle* tangentialen Richtungen Hauptkrümmungsrichtungen sind. Wir untersuchen sodann eine Klasse krummliniger Koordinatensysteme im Raum, die von den winkeltreuen Abbildungen des folgenden Kapitels erhalten werden, nämlich solche, bei denen sich alle Koordinatenflächen senkrecht schneiden. Die Tangenten der Schnittlinien sind dann Hauptkrümmungslinien für beide Koordinatenflächen, die sich dort schneiden.

5.1   Glattheit

Bisher haben wir uns hauptsächlich mit Geraden, Ebenen, Unterräumen oder geradlinig begrenzten Objekten wie Dreiecken und Polytopen beschäftigt. Aber bereits die Kegelschnitte und Quadriken zeigen, dass nicht alle geometrisch interessanten Objekte geradlinig sind. Die *Differentialgeometrie* handelt von solchen nicht mehr geradlinigen, *krummen* Objekten, die im Kleinen aber noch immer annähernd wie affine Unterräume aussehen: Wenn man von einem Kreis oder einer Parabel nur ein kurzes Stück betrachtet, könnte man es für ein Geradenstück halten, und bis um 250 v.Chr. hielten die Menschen die Erde für

© Springer Fachmedien Wiesbaden GmbH, ein Teil von Springer Nature 2020
J.-H. Eschenburg, *Geometrie – Anschauung und Begriffe,*
https://doi.org/10.1007/978-3-658-28225-7_5

eine ebene Scheibe.[1] Das umgangssprachliche Wort für diese Eigenschaft, im Kleinen keine
Unebenheiten zu haben, ist „glatt", im Gegensatz zu „rauh". Der mathematische Ausdruck
für diese Eigenschaft ist die Approximierbarkeit durch gerade, also lineare Objekte, und
lineare Approximierbarkeit ist genau die *Differenzierbarkeit*.

Wie können wir solche glatten Objekte, z. B. krumme Linien oder Oberflächen, mathematisch beschreiben? Wie beschreiben wir denn *lineare* Objekte, z. B. einen m-dimensionalen
linearen Unterraum $W \subset \mathbb{R}^n$? Es gibt grundsätzlich nur zwei Arten: entweder als *Urbild
(Kern)* einer surjektiven linearen Abbildung $F : \mathbb{R}^n \to \mathbb{R}^k$ mit $k = n - m$, d.h. als Lösungsmenge einer *Gleichung* $W = F^{-1}(0) = \{x \in \mathbb{R}^n; \ F(x) = 0\}$, oder als *Bild* einer injektiven
linearen Abbildung $\varphi : \mathbb{R}^m \to \mathbb{R}^n$, also $W = \varphi(\mathbb{R}^m)$. Im letzteren Fall nennt man φ auch
eine *Parametrisierung* von W; mit Hilfe von φ werden die Punkte von W durch die Elemente
von $\mathbb{R}^m$ „durchnummeriert" oder, wie man sagt, *parametrisiert*. Auf beide Weisen können
wir auch unsere glatten Objekte beschreiben, nur müssen wir das Wort „linear" durch „differenzierbar" ersetzen. Die zweite Art durch Parametrisierung ist expliziter, deshalb werden
wir uns in diesem Buch darauf beschränken (mit Ausnahme von Übung 39).

Wir erinnern daran, dass eine Abbildung $\varphi : \mathbb{R}^m \to \mathbb{R}^n$ *differenzierbar* heißt, wenn sie
an jeder Stelle $u \in \mathbb{R}^m$ in folgendem Sinn durch eine lineare Abbildung $L : \mathbb{R}^m \to \mathbb{R}^n$
approximiert werden kann: Für alle $h \in \mathbb{R}^m$ gilt

$$\varphi(u + h) - \varphi(u) = Lh + o(h), \quad o(h)/|h| \stackrel{h \to 0}{\longrightarrow} 0. \tag{5.1}$$

Die lineare Abbildung L ist von u abhängig und heißt *Ableitung* oder *Differential* oder
Jacobimatrix[2] von φ im Punkt u; statt L schreiben wir meist $d\varphi_u$ (und im Fall $m = 1$ auch
$\varphi'(u)$):

$$L = d\varphi_u. \tag{5.2}$$

Die Spalten dieser Matrix sind die *partiellen Ableitungen*, die wir $\frac{\partial \varphi(u)}{\partial u_i}$ oder kürzer $\partial_i \varphi(u)$
oder noch kürzer $\varphi_i(u)$ nennen wollen ($i = 1, \ldots, m$):

$$\varphi_i(u) = \partial_i \varphi(u) = d\varphi_u e_i \in \mathbb{R}^n. \tag{5.3}$$

Es ist selten, dass eine differenzierbare Abbildung φ auf dem ganzen Raum $\mathbb{R}^m$ definiert
ist; oft ist der Definitionsbereich nur ein *Gebiet* in $\mathbb{R}^m$, d.h. eine Teilmenge des $\mathbb{R}^m$, die
mit jedem Punkt auch noch eine kleine Kugel um diesen Punkt enthält und in der je zwei
Punkte durch eine darin enthaltene Kurve miteinander verbunden werden können *(Zusammenhang)*; wir werden eine solche Menge meist mit $\mathbb{R}^m_o$ bezeichnen. Wir werden außerdem
voraussetzen, dass die partiellen Ableitungen φ_i selbst wieder stetig oder sogar differenzierbar mit stetiger Ableitung *(stetig differenzierbar)* sind. Im letzteren Fall können wir auch
partielle Ableitungen von φ_i betrachten, die wir φ_{ij} nennen; bekanntlich gilt

---

[1]Eratosthenes von Kyrene, 276 – 194 v.Chr., vermutete die Kugelgestalt der Erde und bestimmte
sogar den Erdumfang, siehe Übung 37.
[2]Carl Gustav Jacob Jacobi, 1804 (Potsdam) – 1851 (Berlin).

$$\varphi_{ij} = \varphi_{ji}. \tag{5.4}$$

Eine differenzierbare Abbildung $\varphi : \mathbb{R}_o^m \to \mathbb{R}^n$ heißt *Immersion*, wenn für jedes $u \in \mathbb{R}_o^m$ die lineare Abbildung $d\varphi_u : \mathbb{R}^m \to \mathbb{R}^n$ injektiv ist, wenn also die partiellen Ableitungen $\varphi_1(u), \ldots, \varphi_m(u)$ (die Spalten von $d\varphi_u$) an jeder Stelle u linear unabhängige Vektoren in $\mathbb{R}^n$ sind. Wegen (5.1) sieht eine Immersion nahe u bis auf Konstanten[3] beinahe wie eine injektive lineare Abbildung aus, daher ist ihr Bild nahe $\varphi(u)$ beinahe ein affiner Unterraum. Das sind die *glatten Objekte* der Differentialgeometrie: Bilder von Immersionen. Allerdings geht es uns in der Geometrie nicht um die Abbildung φ selbst; sie ist ja nur die *Parametrisierung*, die Benennung der Punkte des eigentlichen Objekts, nämlich des Bildes von φ. Wie auch im linearen Fall gibt es viele andere Parametrisierungen, die dasselbe Objekt beschreiben, nämlich $\tilde{\varphi} = \varphi \circ \alpha$ für einen *Diffeomorphismus* (eine umkehrbar differenzierbare Abbildung) $\alpha : \mathbb{R}_1^m \to \mathbb{R}_o^m$, definiert auf einem anderen Gebiet $\mathbb{R}_1^m \subset \mathbb{R}^m$. Eine solche Abbildung α benennt nur die Punkte von Bild φ um; wir nennen sie *Parameterwechsel*. Alle geometrischen Aussagen werden invariant gegenüber Parameterwechseln sein. Eine Immersion mit Dimension $m = 1$ nennen wir *Kurve*, mit $m = 2$ *Fläche* und mit $m = n - 1$ *Hyperfläche*.

Der *Tangentialraum* einer Immersion $\varphi : \mathbb{R}_o^m \to \mathbb{R}^n$ in einem Parameterpunkt $u \in \mathbb{R}^m$ ist der lineare Unterraum $T_u := \text{Bild}\, d\varphi(u) \subset \mathbb{R}^n$ mit der Basis $\varphi_1(u), \ldots, \varphi_m(u)$. Das orthogonale Komplement $N_u := (T_u)^\perp$ heißt der *Normalraum* von φ in u. Tangential- und folglich auch Normalraum sind unabhängig von der Wahl der Parametrisierung, denn für $\tilde{\varphi} = \varphi \circ \alpha$ und $u = \alpha(\tilde{u})$ gilt nach Kettenregel

$$d\tilde{\varphi}_{\tilde{u}} = d\varphi_u \, d\alpha_{\tilde{u}}, \tag{5.5}$$

und damit Bild $d\tilde{\varphi}_{\tilde{u}} = $ Bild $d\varphi_u$, denn $d\alpha_{\tilde{u}}$ ist invertierbar. Wenn Bild φ nicht „gerade" oder „eben", also Teil eines m-dimensionalen Unterraums von $\mathbb{R}^n$ ist, werden T_u und N_u von u abhängig sein; ihre Änderungen in Abhängigkeit von u werden wir im nächsten Abschnitt als *Krümmungen* definieren.

5.2 Fundamentalformen und Krümmungen

Der Einfachheit halber wollen wir uns auf die Betrachtung von Hyperflächen ($n = m+1$) beschränken. Dann ist der Normalraum eindimensional, also von nur einem Vektor erzeugt, und es gibt eine differenzierbare Abbildung $\nu : \mathbb{R}_o^m \to \mathbb{R}^m$ mit $N_u = \mathbb{R} \cdot \nu(u)$ für alle $u \in \mathbb{R}_o^m$.[4] Wir können ohne Einschränkung zusätzlich $|\nu(u)| = 1$ für alle u annehmen (nötigenfalls

---

[3]Die Variable in (5.1) ist h, während u und $\varphi(u)$ als Konstanten zu betrachten sind.

[4]Man erhält ν folgendermaßen: Für jedes $u \in \mathbb{R}_o^{n-1}$ ist die Abbildung $x \mapsto \det(\varphi_1(u), \ldots, \varphi_{n-1}(u), x)$ eine Linearform auf dem $\mathbb{R}^n$ (ein Zeilenvektor), differenzierbar von u abhängig. Der zugehörige Spaltenvektor ist $\nu(u)$, also $\det(\varphi_1(u), \ldots, \varphi_{n-1}(u), x) = \langle \nu(u), x \rangle$. Im Fall $n = 3$ ist dies das Kreuzprodukt: $\nu = \varphi_1 \times \varphi_2$. Offensichtlich ist $\langle \nu, \varphi_i \rangle = \det(\varphi_1, \ldots, \varphi_i, \ldots, \varphi_{n-1}, \varphi_i) = 0$, also ist $\nu(u) \in N_u$.

müssen wir zu $\nu/|\nu|$ übergehen); eine solche Abbildung ν heißt *Einheitsnormalenfeld* oder *Einheitsnormale,* auch *Gaußabbildung* genannt.[5]

Für alle $i, j \in \{1, \ldots, m\}$ betrachten wir die auf $\mathbb{R}_o^m$ definierten Funktionen

$$g_{ij} = \langle \varphi_i, \varphi_j \rangle = \qquad\qquad \langle d\varphi.e_i, d\varphi.e_j \rangle,$$
$$h_{ij} = \langle \varphi_{ij}, \nu \rangle \stackrel{*}{=} -\langle \varphi_i, \nu_j \rangle = -\langle d\varphi.e_i, d\nu.e_j \rangle, \qquad (5.6)$$

bei $\stackrel{*}{=}$ beachte man $\langle \varphi_i, \nu \rangle = 0$ und daher $\langle \varphi_{ij}, \nu \rangle + \langle \varphi_i, \nu_j \rangle = \partial_j \langle \varphi_i, \nu \rangle = 0$. Für jedes $u \in \mathbb{R}_o^m$ sind $(g_{ij}(u))$ und $(h_{ij}(u))$ die Matrizen von symmetrischen Bilinearformen $g(u), h(u)$ auf $\mathbb{R}^m$:

$$g(u)(v, w) = \sum g_{ij}(u)v_i w_j = \langle d\varphi_u v, d\varphi_u w \rangle,$$
$$h(u)(v, w) = \sum h_{ij}(u)v_i w_j = -\langle d\varphi_u v, d\nu_u w \rangle. \qquad (5.7)$$

Wir nennen g die *erste Fundamentalform* und h die *zweite Fundamentalform* der Immersion φ. Die erste Fundamentalform ist nichts anderes als das Skalarprodukt auf dem Tangentialraum $T_u \subset \mathbb{R}^{m+1}$, den wir durch die Basis $\varphi_1(u), \ldots, \varphi_m(u)$ mit $\mathbb{R}^m$ identifiziert haben. Sie beschreibt daher die Verzerrung der Längenmessung beim Übergang vom Parameterbereich $\mathbb{R}_o^m$ auf die im $\mathbb{R}^{m+1}$ liegende Hyperfläche Bild φ durch die Abbildung φ. Die zweite Fundamentalform beschreibt die Änderung der Einheitsnormale $\nu(u)$ und damit des Normalraums N_u in Abhängigkeit von u.

Im einfachsten Fall $m = 1$ (ebene Kurven) ist $g = g_{11} = |\varphi'|^2$ und $h = h_{11} = \langle \varphi'', \nu \rangle = -\langle \varphi', \nu' \rangle$. Natürlich hängt h von der Parametrisierung ab: Je größer die Geschwindigkeit φ' ist, mit der die Kurve durchlaufen wird, desto größer ist h. Eine parameterunabhängige Größe ist der Quotient $\kappa = h/g$: Ist $\tilde{\varphi} = \varphi \circ \alpha$ eine andere Parametrisierung, so ist $\tilde{\nu} = \nu \circ \alpha$. Nach Kettenregel ist $\tilde{\varphi}' = \varphi' \alpha'$ und $\tilde{\nu}' = \nu' \alpha'$ und damit $\tilde{h} = (\alpha')^2 h$ und $\tilde{g} = (\alpha')^2 g$, also $\tilde{h}/\tilde{g} = h/g$.[6] Diese Größe

$$\kappa = \frac{h}{g} = \frac{\langle \varphi'', \nu \rangle}{|\varphi'|^2} = \frac{-\langle \varphi', \nu' \rangle}{|\varphi'|^2} \qquad (5.8)$$

heißt die *Krümmung* der ebenen Kurve $\varphi : \mathbb{R}_o^1 \to \mathbb{R}^2$. Ein Kreis vom Radius r mit der nach innen zeigenden Einheitsnormalen $\nu(u) = -\varphi(u)/r$ hat die Krümmung $\kappa = 1/r$: Ist $\varphi(u) =$

---

[5]Johann Carl Friedrich Gauß, 1777 (Braunschweig) – 1855 (Göttingen), schrieb 1828 im Zusammenhang mit der von ihm geleiteten Vermessung des Königreichs Hannover die Arbeit „Disquisitiones generales circa superficies curvas", „allgemeine Abhandlung über krumme Flächen" (https://archive.org/details/disquisitionesg00gausgoog). Dort führt er diese Abbildung und die damit zusammenhängende Gaußsche Krümmung ein. Für eine mathematische Würdigung dieser grundlegenden Arbeit siehe M. Spivak: A Comprehensive Introduction to Differential Geometry, Vol. 2, Publish or Perish Inc., 1970, 1999.

[6]Wir haben aus Bequemlichkeit die Argumente weggelassen: Die Funktionen φ', ν', g, h sind an der Stelle u zu nehmen und $\tilde{\varphi}', \tilde{\nu}', \alpha', \tilde{g}, \tilde{h}$ an der Stelle $\tilde{u}$ mit $\alpha(\tilde{u}) = u$.

$(r \cos u, r \sin u)$, so ist $v(u) = -(\cos u, \sin u)$ und daher $h(u) = -\langle \varphi'(u), v'(u) \rangle = r$ und $g(u) = |\varphi'(u)|^2 = r^2$. Allgemein ist $1/|\kappa|$ der Radius des bestapproximierenden Kreises.[7]

In beliebiger Dimension m können wir dasselbe tun, denn $g = (g_{ij})$ ist eine positiv definite symmetrische Matrix und somit invertierbar. Wir definieren deshalb analog zu (5.8) die folgende Matrix A, die wir *Weingartenabbildung*[8] nennen und die die Kurvenkrümmung verallgemeinert:

$$A := g^{-1}h. \tag{5.9}$$

Also ist $gA = h$ und damit

$$g(Av, w) = h(v, w) \tag{5.10}$$

für alle $v, w \in \mathbb{R}^m$ (die Abhängigkeit von $u \in \mathbb{R}_o^m$ unterdrücken wir in der Notation). Wegen $h(v, w) = h(w, v)$ ist A selbstadjungiert bezüglich des durch g gegebenen Skalarproduktes. Damit ist diese Matrix reell diagonalisierbar mit einer g-orthonormalen Eigenbasis; die Eigenwerte $\kappa_1, \ldots, \kappa_m$ werden *Hauptkrümmungen* genannt, ihre Eigenvektoren in $\mathbb{R}^m$ (manchmal auch in $T_u = d\varphi_u(\mathbb{R}^m)$) heißen *Hauptkrümmungsrichtungen*. Bei Parameterwechseln $\tilde{\varphi} = \varphi \circ \alpha$ wird A_u mit $d\alpha_{\tilde{u}}$ konjugiert, was die Eigenwerte (Hauptkrümmungen) nicht verändert.

Wichtiger noch als die Hauptkrümmungen selbst sind ihr arithmetisches Mittel und ihr Produkt:

$$H = \frac{1}{m} \sum \kappa_i = \frac{1}{m} \text{Spur } A, \quad K = \prod \kappa_i = \det A, \tag{5.11}$$

die *mittlere Krümmung* und die *Gauß-Kronecker-Krümmung*.[9] Die geometrische Bedeutung dieser Größen können wir hier nur andeuten. Im Fall $m = 2$ beschreibt H die Änderung des Flächeninhaltes bei Deformationen der Fläche; insbesondere können Flächen mit $H = 0$ bei lokalen Deformationen nicht verkleinert werden und heißen deshalb *Minimalflächen*. K dagegen beschreibt den Flächeninhalt des Bildes von v im Vergleich zum Flächeninhalt des Bildes von φ. Entsprechendes gilt auch für beliebige Dimension m. Der bedeutendste Beitrag von Gauß zur Differentialgeometrie war der Nachweis, dass K bei Flächen nur von g abhängig ist und damit invariant bleibt unter *Verbiegungen*, Deformationen, bei denen g sich

---

[7]Unter den Kreisen, die eine ebene Kurve φ im Punkt $x = \varphi(u)$ *berühren* (d. h. durch x gehen und dort die gleiche Tangente haben wie die Kurve) gibt es solche, die nahe x rechts und solche, die nahe x links von der Kurve liegen. Der Kreis, der diese beiden Scharen trennt, ist der Krümmungskreis (vgl. [2]).

Krümmungskreis

[8]Julius Weingarten, 1836 (Berlin) – 1910 (Freiburg/Br.).
[9]Leopold Kronecker, 1823 (Liegnitz) – 1891 (Berlin).

nicht ändert. Wenn man zum Beispiel ein ebenes Blatt Papier zu einem Zylinder oder Kegel rollt, bleibt die Gaußkrümmung konstant null, denn eine Hauptkrümmung bleibt null. Diese Beobachtung war eigentlich die Geburtsstunde eines neuen Zweiges der Geometrie, bei dem nur noch ein differenzierbar von u abhängiges Skalarprodukt $g(u)$ auf einer offenen Teilmenge des $\mathbb{R}^m$ (allgemeiner auf einer m-dimensionalen Mannigfaltigkeit) vorgegeben und seine Eigenschaften studiert werden. Dieses Gebiet wird *Riemannsche Geometrie* genannt, und g heißt *Riemannsche Metrik,* denn es war *Bernhard Riemann,*[10] ein Schüler von Gauß, der diesen Schritt im Jahre 1854 in seinem Habilitationsvortrag „Über die Hypothesen, welche der Geometrie zu Grunde liegen" vollzog.[11] Ohne diese Entwicklung wäre z. B. die Allgemeine Relativitätstheorie von *Einstein*[12] nicht denkbar gewesen.

5.3   Charakterisierung von Sphären und Hyperebenen

Ein *Nabelpunkt* einer Hyperfläche $\varphi : \mathbb{R}_o^m \to \mathbb{R}^{m+1}$ ist ein Punkt $u \in \mathbb{R}_o^m$ (oder $\varphi(u) \in \mathbb{R}^{m+1}$), wo die Weingartenabbildung A_u ein Vielfaches der Identität ist, also $A_u v = \kappa(u)v$ für alle $v \in \mathbb{R}^n$. Die Hyperfläche φ hat die *Nabelpunkts-Eigenschaft* und wird *Nabelpunkts-Hyperfläche* genannt, wenn alle $u \in \mathbb{R}_o^m$ Nabelpunkte sind.

Satz 5.1 (*Nabelpunkts-Hyperflächen*) *Es sei* $\varphi : \mathbb{R}_o^m \to \mathbb{R}^{m+1}$ *eine C^3-Hyperfläche (alle zweiten partiellen Ableitungen φ_{ij} sind stetig differenzierbar) mit der Nabelpunkts-Eigenschaft und $m \geq 2$. Dann ist* Bild φ *in einer Sphäre oder einer Hyperebene enthalten.*

Beweis Nach Voraussetzung ist $h_{ij} = \kappa g_{ij}$. Da $h_{ij} = -\langle v_i, \varphi_j \rangle$ und $g_{ij} = \langle \varphi_i, \varphi_j \rangle$, folgt $\langle v_i, \varphi_j \rangle = -\kappa \langle \varphi_i, \varphi_j \rangle$ und damit, da $v_i \perp v$ (wegen $\langle v, v \rangle = 1$) Linearkombinationen der $\varphi_j \perp v$ sind,

$$v_i = -\kappa \varphi_i. \tag{5.12}$$

Differentiation von (5.12) ergibt

$$v_{ij} = -(\kappa_j \varphi_i + \kappa \varphi_{ij}),$$
$$v_{ji} = -(\kappa_i \varphi_j + \kappa \varphi_{ji}).$$

Da $v_{ij} = v_{ji}$ und $\varphi_{ij} = \varphi_{ji}$ (denn φ ist dreimal und v immer noch zweimal stetig differenzierbar), folgt

$$\kappa_i \varphi_j = \kappa_j \varphi_i. \tag{5.13}$$

---

[10]Georg Friedrich Bernhard Riemann, 1826 (Breselenz bei Dannenberg a.d. Elbe) – 1866 (Selasca bei Verbania, Lago Maggiore).

[11]www.emis.de/classics/Riemann/Geom.pdf

[12]Albert Einstein, 1879 (Ulm) – 1955 (Princeton).

Da die partiellen Ableitungen φ_i und φ_j für $i \neq j$ (hier benötigen wir die Dimensionsvoraussetzung $m \geq 2$) linear unabhängig sind, müssen die Koeffizienten in (5.13) verschwinden. Also verschwinden alle partiellen Ableitungen κ_i, und daher ist κ eine Konstante.

[Von jetzt an darf auch $m = 1$ sein.] Wir unterscheiden die Fälle $\kappa = 0$ und $\kappa \neq 0$. Im Fall $\kappa = 0$ erhalten wir $v_i = 0$ aus (5.12), also ist v ein konstanter Einheitsvektor. Für einen festen Parameterpunkt u_o setzen wir $s = \langle \varphi(u_o), v \rangle$. Dann liegt Bild φ in der Hyperebene $H = \{x \in \mathbb{R}^{m+1}; \langle x, v \rangle = s\}$. Jeder Parameterpunkt $u \in \mathbb{R}_o^m$ kann ja mit u_o durch eine differenzierbare Kurve $t \mapsto u(t)$ verbunden werden, und $\frac{d}{dt} \langle \varphi(u(t)), v \rangle = \langle d\varphi_{u(t)} u'(t), v \rangle = 0$, denn $d\varphi_{u(t)} u'(t) \in$ Bild $d\varphi_{u(t)} = T_{u(t)} \perp v$. Also ist $\langle \varphi(u(t)), v \rangle = const = s$ und damit $\varphi(u) \in H$.

Im Fall $\kappa \neq 0$ können wir ohne Einschränkung $\kappa > 0$ annehmen (andernfalls gehen wir zur Normalen $-v$ über) und setzen $R = 1/\kappa$. Nach (5.12) ist $v_j = -\frac{1}{R} \varphi_j$ und damit $\varphi_j + R v_j = 0$, also $(\varphi + R v)_j = 0$. Somit ist $\varphi + R v = M = const$ und damit $|\varphi - M| = |Rv| = R$, und Bild φ ist in der Sphäre vom Radius R mit Mittelpunkt M enthalten. $\square$

5.4 Orthogonale Hyperflächensysteme

Eine C^2-Abbildung $\Phi : \mathbb{R}_o^n \to \mathbb{R}^n$ (gleiche Dimension!) heißt *orthogonale Parametrisierung*, wenn die partiellen Ableitungen Φ_i überall $\neq 0$ sind und senkrecht aufeinander stehen: $\Phi_i \perp \Phi_j \neq 0$ für $i \neq j$.

Ein Beispiel sind die *Kugelkoordinaten* $\Phi : (0, \infty) \times \mathbb{R} \times (0, \pi) \to \mathbb{R}^3$,

$$\Phi(r, t, \theta) = r(\sin\theta \cos t, \sin\theta \sin t, \cos\theta). \qquad (5.14)$$

Geometrisch interpretiert ist r der Abstand des Punktes $x = \Phi(r, t, \theta)$ vom Ursprung, t der Winkel zwischen der x_1-Achse und der Projektion von x in die $x_1 x_2$-Ebene, und θ ist der Winkel zwischen x und der x_3-Achse. Dies lässt sich auf beliebige Dimensionen n verallgemeinern: Zunächst konstruiert man eine Parametrisierung der Einheitssphäre im $\mathbb{R}^n$ mit orthogonalen partiellen Ableitungen, also $\varphi : \mathbb{R}_o^{n-1} \to \mathbb{R}^n$ mit Bild $\varphi \subset \mathbb{S}^{n-1} = \{x \in \mathbb{R}^n; |x| = 1\}$ und $\varphi_i \perp \varphi_j$ für $i \neq j$. Dies geschieht durch Induktion über die Dimension n: Für $n = 2$ setzt man $\varphi(t) = (\cos t, \sin t)$, und wenn man bereits eine solche Parametrisierung $\bar{\varphi} : \mathbb{R}_o^{n-2} \to \mathbb{S}^{n-2}$ gefunden hat, so definiert man $\varphi : \mathbb{R}_o^{n-1} := \mathbb{R}_o^{n-2} \times (0, \pi) \to \mathbb{S}^{n-1}$, $\varphi(t, \theta) = \bar{\varphi}(t) \sin\theta + e_n \cos\theta$ für $t = (t_1, \ldots, t_{n-2}) \in \mathbb{R}_o^{n-2}$. Nun setzt man $\Phi : (0, \infty) \times \mathbb{R}_o^{n-1} \to \mathbb{R}^n$, $\Phi(r, u) = r\varphi(u)$ für alle $u \in \mathbb{R}_o^{n-1}$.

Wie das Beispiel zeigt, ist eine orthogonale Parametrisierung Φ nicht immer umkehrbar: Die Abbildung $t \mapsto (\cos t, \sin t) : \mathbb{R} \to \mathbb{S}^1$ ist es nicht, denn sie umwickelt die Kreislinie $\mathbb{S}^1$ unendlich oft. Da aber die Ableitung $d\Phi_w$ an jeder Stelle $w \in \mathbb{R}_o^n$ umkehrbar ist (die n partiellen Ableitungen, die Spalten von $d\Phi_w$, sind ja orthogonal und ungleich 0, also linear unabhängig), ist Φ nach dem Umkehrsatz in einem vielleicht kleineren Gebiet $\mathbb{R}_1^n$ um

w herum umkehrbar. Wir werden daher ohne Einschränkung der Allgemeinheit zusätzlich annehmen, dass Φ umkehrbar ist.

Man interpretiert eine orthogonale Parametrisierung $\Phi : \mathbb{R}_o^n \to \mathbb{R}^n$ auch als *orthogonales Hyperflächensystem*: Schränkt man Φ ein auf eine Koordinaten-Hyperebene $\mathbb{R}_{i,s}^{n-1}$:
$= \{w \in \mathbb{R}_o^n; \; w_i = s\}$ mit $i \in \{1, \ldots, n\}$ und $s \in \mathbb{R}$, so erhält man eine Hyperfläche $\varphi^{i,s}$ mit Normalenvektor Φ_i, insgesamt also n Scharen von Hyperflächen $\varphi^{1,s}$ bis $\varphi^{n,s}$. Durch jeden Punkt geht genau eine Hyperfläche von jeder Schar, und ihre Normalenvektoren stehen senkrecht aufeinander. Im Beispiel der Kugelkoordinaten im $\mathbb{R}^3$ sind die drei Hyperflächenscharen die konzentrischen Kugelflächen $r = const$, die vertikalen Halbebenen $t = const$ sowie die Kreiskegel $\theta = const$. Ein anderes Beispiel, *orthogonale Quadriken*, wird in Übung 39 beschrieben. Orthogonale Hyperflächensysteme haben große geometrische Bedeutung, u. a. weil man ihre Hauptkrümmungsrichtungen kennt:

Satz 5.2 *Ist* $\Phi : \mathbb{R}_o^n \to \mathbb{R}^n$ *eine orthogonale Parametrisierung mit zugehörigen orthogonalen Hyperflächenscharen* $\varphi^{i,s}$, *so sind die Hauptkrümmungsrichtungen der Hyperflächen* $\varphi^{i,s}$ *die kanonischen Basisvektoren* e_j, $j \neq i$.

Beweis Wir halten i und s fest und betrachten die Hyperebene $\varphi = \varphi^{i,s}$. Ihre Einheitsnormale ist $\nu = \Phi_i / |\Phi_i|$; die Fundamentalformen sind $g_{jk} = \langle \varphi_j, \varphi_k \rangle$ und $h_{jk} = -\langle \nu_j, \varphi_k \rangle$. Wir müssen zeigen, dass e_j für $j \neq i$ Eigenvektor von $g^{-1}h$ ist, also $g^{-1}he_j$ ein Vielfaches von e_j ist, oder he_j ein Vielfaches von ge_j. Das wiederum heißt $h_{jk} = t_j g_{jk}$ für ein $t_j \in \mathbb{R}$ und für alle $k \neq i$. Damit muss ν_j ein Vielfaches von φ_j sein und also wegen der Orthogonalität der partiellen Ableitungen auf allen $\varphi_k = \Phi_k$ mit $k \neq i, j$ senkrecht stehen. Nun ist $\nu = \frac{1}{|\Phi_i|}\Phi_i$ und damit $\langle \nu_j, \Phi_k \rangle = \langle (\frac{1}{|\Phi_i|})_j \Phi_i + \frac{1}{|\Phi_i|}\Phi_{ij}, \Phi_k \rangle$. Weil $\langle \Phi_i, \Phi_k \rangle = 0$, müssen wir also $\langle \Phi_{ij}, \Phi_k \rangle = 0$ für je drei verschiedene Indizes i, j, k zeigen.

Dies gilt, weil der von drei Indizes abhängige Ausdruck $S_{ijk} = \langle \Phi_{ij}, \Phi_k \rangle$ „zu viele" Symmetrien hat: Einerseits können wir i und j vertauschen (Transposition (12)), ohne den Wert zu ändern, denn $\Phi_{ij} = \Phi_{ji}$. Andererseits können wir auch i und k vertauschen (Transposition (13)) und ändern dabei das Vorzeichen: Da $\langle \Phi_i, \Phi_k \rangle = 0 = const$, ist $S_{ijk} = \langle \Phi_{ij}, \Phi_k \rangle = -\langle \Phi_i, \Phi_{kj} \rangle = -S_{kji}$. Die Symmetrie und die Antisymmetrie vertragen sich aber nicht miteinander. Was passiert nämlich mit S_{ijk}, wenn wir das noch fehlende Indexpaar j, k vertauschen (Transposition (23))? Dies können wir auf zwei Weisen berechnen: Für die Permutation (23) gilt einerseits $(23) = (12)(13)(12)$ und andererseits $(23) = (13)(12)(13)$ („*Zopfrelation*"), und damit folgt aus den beiden Symmetrien:

$$S_{ijk} \overset{(12)}{=} S_{jik} \overset{(13)}{=} -S_{kij} \overset{(12)}{=} -S_{ikj},$$
$$S_{ijk} \overset{(13)}{=} -S_{kji} \overset{(12)}{=} -S_{jki} \overset{(13)}{=} S_{ikj}.$$

Also ist $S_{ikj} = -S_{ikj}$, und damit ist der Ausdruck null, was zu zeigen war. $\square$

Winkel: Konforme Geometrie

6

Zusammenfassung

Mit Hilfe von Abständen lassen sich auch Winkel messen; zum Beispiel ist ein Dreieck mit Seitenlängen 3, 4, 5 rechtwinklig (?!), was schon die alten Ägypter nutzten, um rechte Winkel zu konstruieren. Umgekehrt kann man aber allein aus Winkeln noch keine Entfernungen bestimmen. Die Geometrie, die allein den Winkel als Grundbegriff hat, die *Konforme Geometrie,* ist viel weniger bekannt als die Metrische; ihre Isomorphismen sind die konformen (Winkel-erhaltenden) Abbildungen. Eine große Überraschung ist der Satz von Liouville: In Dimension 2 gibt es eine Unzahl konformer Abbildungen, nämlich alle holomorphen und antiholomorphen Funktionen. Aber in Dimension 3 (und höher) erhalten konforme Abbildungen automatisch die Familie der Sphären und Ebenen und können damit leicht vollständig bestimmt werden. Um dies einzusehen, benutzen wir die Differentialgeometrie aus dem voranstehenden Kapitel. Wir können den konformen Raum dann auch als den Raum der Sphären und Ebenen ansehen; dieser hat eine eigene metrische Struktur, die mit der raumzeitlichen Geometrie der Speziellen Relativitätstheorie verwandt ist.

6.1 Konforme Abbildungen

Es gibt Abbildungen, die alle Winkel erhalten, nicht aber die Abstände; wir haben als Beispiel bereits die zentrischen Streckungen kennengelernt. Da die Winkel die *Form* einer Figur unabhängig von ihrer Größe bestimmen, heißt die Geometrie des Winkels auch *Konforme Geometrie.* Wie auch in anderen Teilgebieten werden wir besonders die Isomorphismen studieren, also die *winkeltreuen* bijektiven Abbildungen. Wir werden sehen, dass diese keineswegs linear sein müssen, nicht einmal geradentreu, dennoch wollen wir zunächst alle winkeltreuen *linearen* Abbildungen auf dem $\mathbb{R}^n$ studieren.

© Springer Fachmedien Wiesbaden GmbH, ein Teil von Springer Nature 2020
J.-H. Eschenburg, *Geometrie – Anschauung und Begriffe,*
https://doi.org/10.1007/978-3-658-28225-7_6

Lemma 6.1 *Eine lineare Abbildung* $L : \mathbb{R}^n \to \mathbb{R}^n$ *(mit* $n \geq 2$*) ist winkeltreu genau dann, wenn* $\mu L \in O(n)$ *für ein* $\mu > 0$.

Beweis Da die kanonischen Basisvektoren $e_1, \ldots, e_n$ den Winkel $90°$ einschließen, gilt dasselbe für ihre Bilder $Le_1, \ldots, Le_n$. Außerdem ist auch $e_i + e_j \perp e_i - e_j$, also gilt auch $0 = \langle Le_i + Le_j, Le_i - Le_j \rangle = |Le_i|^2 - |Le_j|^2$, und alle n Vektoren Le_i haben dieselbe Länge $|Le_i| = \lambda$. Für $\mu = \frac{1}{\lambda}$ ist $(\mu Le_1, \ldots, \mu Le_n)$ demnach eine Orthonormalbasis, also (als Matrix gelesen) ein Element von $O(n)$. $\square$

Was bedeutet Winkeltreue bei nichtlinearen Abbildungen? Sie sollen glatte Kurven in glatte Kurven überführen, und der Schnittwinkel von zwei Kurven soll derselbe sein wie der Schnittwinkel ihrer Bilder. Die erste Forderung legt es nahe, differenzierbare Abbildungen, genauer: C^1-Diffeomorphismen (umkehrbar differenzierbare Abbildungen mit stetigen partiellen Ableitungen) zu betrachten. Ein C^1-Diffeomorphismus $F : \mathbb{R}^n_o \to \mathbb{R}^n_1$ (zwei Gebiete im $\mathbb{R}^n$) heißt *winkeltreu* oder *konform*, wenn sich zwei Kurven in $\mathbb{R}^n_o$ unter demselben Winkel schneiden wie ihre Bilder unter F: Sind $a, b : (-\epsilon, \epsilon) \to \mathbb{R}^n_o$ reguläre Kurven (eindimensionale Immersionen) mit $a(0) = b(0) = x$, dann soll

$$\angle((Fa)'(0), (Fb)'(0)) = \angle(a'(0), b'(0)) \tag{6.1}$$

gelten. Setzt man $a'(0) = v$ und $b'(0) = w$, so ist nach Kettenregel $(Fa)'(0) = dF_x v$ und $(Fb)'(0) = dF_x w$; die lineare Abbildung dF_x muss also winkeltreu sein und nach dem Lemma muss für alle $x \in \mathbb{R}^n_o$

$$dF_x \in \mathbb{R}^*_+ \cdot O(n) \tag{6.2}$$

gelten, anders gesagt, $dF_x/\lambda(x) \in O(n)$ für eine Zahl $\lambda(x) > 0$, den *konformen Faktor*. Die Beziehung (6.2) können wir auch als Definition der Konformität nehmen.

Im Fall $n = 2$ besteht $\mathbb{R}^*_+ O(2)$ aus zwei Sorten von Matrizen: die orientierten mit positiver Determinante, $A = \left(\begin{smallmatrix} a & -b \\ b & a \end{smallmatrix}\right)$ und die nicht orientierten mit negativer Determinante, $B = \left(\begin{smallmatrix} a & b \\ b & -a \end{smallmatrix}\right)$. Die erste Matrix A ist bei Identifizierung von $\mathbb{R}^2$ mit $\mathbb{C}$ gleich der Multiplikation mit der komplexen Zahl $a + ib$, denn $(a + ib)(x + iy) = ax - by + i(ay + bx) = \left(\begin{smallmatrix} ax-by \\ ay+bx \end{smallmatrix}\right) = A\left(\begin{smallmatrix} x \\ y \end{smallmatrix}\right)$. Eine differenzierbare Abbildung auf $\mathbb{R}^2 = \mathbb{C}$, deren Jacobimatrix an jeder Stelle die Multiplikation mit einer komplexen Zahl ist, heißt *komplex differenzierbar* oder *holomorph*.[1] Durch Nachschalten einer Spiegelung, z. B. der komplexen Konjugation $z \mapsto \bar{z}$, gehen nicht-orientierte konforme Abbildungen in orientierte über; die nicht-orientierten sind also holomorphe Abbildungen gefolgt von der komplexen Konjugation *(antiholomorphe Abbildungen)*. Konforme Geometrie in Dimension 2 ist also nichts anderes als die Theorie

---

[1] Die übliche Definition ist etwas anders: F heißt *komplex differenzierbar* auf einem Gebiet $\mathbb{C}_o \subset \mathbb{C}$, wenn für jedes $z \in \mathbb{C}_o$ der Grenzwert $\lim_{h\to 0} \frac{F(z+h)-F(z)}{h} =: c$ existiert, d. h. $O(h) := \frac{F(z+h)-F(z)}{h} - c \to 0$ für $h \to 0$. Mit anderen Worten, $F(z + h) - F(z) = ch + o(h)$ mit $o(h) = hO(h)$ und $o(h)/|h| \to 0$, d. h. F ist differenzierbar, und die Ableitung df_z ist die Multiplikation mit der komplexen Zahl c.

holomorpher Funktionen in einer komplexen Variablen. Von solchen Funktionen gibt es eine ungeheure Vielfalt; jede Potenzreihe stellt in ihrem Konvergenzkreis eine holomorphe Funktion dar. Wir werden sehen, dass dies für Dimensionen $n \geq 3$ vollkommen anders ist.

6.2 Inversionen

Gibt es auch nichtlineare konforme Abbildungen in höheren Dimensionen? Ein wichtiges Beispiel ist die *Inversion*

$$F : \mathbb{R}^n_* \to \mathbb{R}^n_*, \quad F(x) = \frac{x}{|x|^2}. \tag{6.3}$$

Sie lässt die Einheitssphäre punktweise fest, $Fx = x$ falls $|x| = 1$, und sie ist ihre eigene Umkehrabbildung: $F^{-1} = F$ (solche Abbildungen nennt man *Involutionen*): $F(Fx) = Fx/|Fx|^2 = \frac{x}{|x|^2}/\frac{1}{|x|^2} = x$. Sie ist also eine Art Spiegelung an der Einheitssphäre.

Um die Konformität zu sehen, müssen wir die Ableitung von F berechnen: $dF_x v = \frac{d}{dt}F(x+tv)|_{t=0}$. Nun ist $F(x+tv) = \frac{p(t)}{q(t)}$ mit $p(t) = x+tv$ und $q(t) = \langle x+tv, x+tv \rangle$, also $p'(0) = v$ und $q'(0) = 2\langle v, x \rangle$. Damit ist

$$\begin{aligned} dF_x v &= (p'q - pq')(0)/q(0)^2 \\ &= \left(v|x|^2 - 2x\langle v, x\rangle\right)/|x|^4 \\ &= \frac{1}{|x|^2}\left(v - 2\left\langle v, \frac{x}{|x|}\right\rangle \frac{x}{|x|}\right) \\ &= S_x v/|x|^2, \end{aligned}$$

wobei S_x die Spiegelung an der Hyperebene $x^\perp$ bezeichnet. Also ist $dF_x \in \mathbb{R}^*_+ O(n)$ und F konform.

Die Inversion F hat noch eine andere Eigenschaft: Sie ist *kugeltreu*, d.h. sie erhält die Menge der Sphären und Hyperebenen; eine Hyperebene wird als Sphäre (Kugelfläche) vom Radius ∞ angesehen. Sphären und Hyperebenen sind nämlich Lösungsmengen von Gleichungen des folgenden Typs:

$$\alpha|x|^2 + \langle x, b\rangle + \gamma = 0 \tag{6.4}$$

mit $\alpha, \gamma \in \mathbb{R}$ und $b \in \mathbb{R}^n$. Substituieren wir $x = Fy$, so folgt

$$0 = \alpha\left|\frac{y}{|y|^2}\right|^2 + \left\langle \frac{y}{|y|^2}, b\right\rangle + \gamma = \frac{1}{|y|^2}(\alpha + \langle y, b\rangle + \gamma|y|^2)$$

und daraus $\alpha + \langle y, b\rangle + \gamma|y|^2 = 0$, also erfüllt y wieder eine Gleichung vom Typ (6.4).[2]

---

[2]Aus der Kugeltreue allein folgt übrigens bereits die Konformität, denn auch das Differential dF_x muss (als Approximation von F) kugeltreu sein und muss demnach wegen der Linearität die Einheitssphäre in eine konzentrische Sphäre überführen; eine solche lineare Abbildung erhält die Norm bis auf einen Faktor und ist daher ein Vielfaches einer orthogonalen Abbildung.

Weil die Inversion kugeltreu ist und die Einheitssphäre punktweise festhält, kann man sie in Dimension 2 geometrisch konstruieren. Da $|Fx| = 1/|x|$, geht $Fx \to 0$ für $|x| \to \infty$. Jede Gerade wird daher in einen Kreis oder eine Gerade durch 0 abgebildet, und die Schnittpunkte mit dem Einheitskreis bleiben dabei fest. Das Bild der Geraden pq in der nachstehenden Figur ist daher der Kreis k durch p, q und 0, und da auch der Strahl $0x$ in sich überführt wird, bildet F den Schnittpunkt von $0x$ mit pq auf den Schnittpunkt von $0x$ mit k ab und umgekehrt. Das Dreieck $(0, p, Fx)$ in der linken Figur ist rechtwinklig, und k ist der Thaleskreis über der Strecke $[0, x]$ in der rechten Figur.

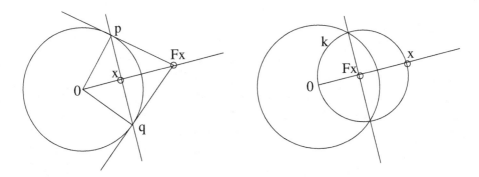

Analog definiert man die *Inversion an einer beliebigen Kugel K* mit Mittelpunkt 0 und Radius r, indem man F mit der zentrischen Streckung S_r konjugiert:

$$F_K(x) = rF(x/r) = \frac{r^2}{|x|^2} x. \tag{6.5}$$

Die Inversion an einer Kugel K mit beliebigem Mittelpunkt M erhält man durch Konjugation mit der Translation T_M:

$$F_K(x) = \frac{r^2}{|x - M|^2}(x - M) + M. \tag{6.6}$$

In jedem Fall bleibt die Kugelfläche K punktweise fest, und M, x, Fx liegen auf einem gemeinsamen Strahl, wobei $|x - M||Fx - M| = r^2$.

6.3   Konforme und kugeltreue Abbildungen

Satz 6.2 *(Satz von Liouville)*[3] *Jede konforme Abbildung $F : \mathbb{R}_o^n \to \mathbb{R}_1^n$ für $n \geq 3$ ist auch kugeltreu. Genauer ist F eine Verkettung von Inversionen und Hyperebenenspiegelungen.*

---

[3]Joseph Liouville, 1809 (Saint Omer) – 1882 (Paris).

Beweis Wir benutzen die Kennzeichnung von Sphären und Hyperebenen durch die Nabelpunkts-Eigenschaft (Satz 5.1): Auf Sphären und Hyperebenen können wir in jeder Richtung orthogonale Hyperflächensysteme aufbauen. Diese Eigenschaft bleibt unter konformen Abbildungen erhalten; auch auf der Bild-Hyperfläche ist daher jede tangentiale Richtung Hauptkrümmungsrichtung.

Genauer sei $S \subset \mathbb{R}^n$ eine Sphäre, die $\mathbb{R}_o^n$ trifft. Wir wollen zeigen, dass $\tilde{S} = F(S)$ wieder eine Nabelpunkts-Hyperfläche ist. Wir verschieben den Mittelpunkt von S in den Ursprung und wählen Kugelkoordinaten $\Phi : \mathbb{R}_2^n \to \mathbb{R}_o^n$; durch Einschränkung von Φ auf eine Koordinatenhyperebene erhalten wir eine Parametrisierung φ von S. Ist $x = \varphi(u) \in S \cap \mathbb{R}_o^n$ und $v \in T_x S = x^\perp$ ein beliebig vorgegebener Vektor mit $|v| = 1$, so können wir durch eine Drehung des Koordinatensystems erreichen, dass $v = \frac{\partial \varphi}{\partial \theta}(u)$ ist, wobei $u = (r, t_1, \ldots, t_{n-2}, \theta)$ (siehe Abschn. 5.4). Da Φ ein orthogonales Hyperflächensystem und F winkelerhaltend ist, ist auch $\tilde{\Phi} = F \circ \Phi$ ein orthogonales Hyperflächensystem, und eine dieser Hyperflächen ist $\tilde{S}$, parametrisiert durch $\tilde{\varphi} = F \circ \varphi$. Die partiellen Ableitungen $\tilde{\varphi}_i = dF \cdot \varphi_i$ sind also Hauptkrümmungsrichtungen von $\tilde{\varphi}$. Insbesondere sind $v = \frac{\partial \varphi}{\partial \theta}(u)$ und $dF_x v = \frac{\partial \tilde{\varphi}}{\partial \theta}(u)$ Hauptkrümmungsrichtungen von φ und $\tilde{\varphi}$. Da v beliebig war und dF_x die Tangentialhyperebenen isomorph aufeinander abbildet, ist *jeder* Tangentenvektor von $\tilde{S}$ eine Hauptkrümmungsrichtung.[4] Somit ist $\tilde{S}$ eine Nabelpunkts-Hyperfläche und damit Teil einer Sphäre oder Hyperebene. Ähnlich können wir auch für eine Hyperebene H zeigen, dass auch $F(H)$ eine Nabelpunkts-Hyperfläche ist. Die Abbildung F ist daher kugeltreu.

Um die zweite Behauptung („Genauer ist …") einzusehen, wählen wir wieder einen Punkt $p \in \mathbb{R}_o^n$ sowie genügend kleine Kugeln K und L mit Mittelpunkten p und Fp. Durch Inversionen F_K und F_L an K und L gehen alle (Stücke von) Kugeln S durch p und $\tilde{S}$ durch Fp in (Stücke von) Hyperebenen über und umgekehrt. Da F Kugeln durch p auf Kugeln durch Fp abbildet (Hyperebenen rechnen wir zu den Kugeln), bildet $F' := F_L \circ F \circ F_K$ Hyperebenen in Hyperebenen ab und daher auch Geraden (Schnitte von $n-1$ Hyperebenen in allgemeiner Lage) in Geraden; F' ist also projektiv und gleichzeitig winkeltreu. Dann werden aber auch Parallelen in Parallelen abgebildet, denn sie liegen in einer gemeinsamen Ebene und haben gleichen Winkel mit einer sie schneidenden Geraden. Bis auf eine Translation ist F' also linear und konform, und damit Komposition einer orthogonalen Abbildung mit einer zentrischen Streckung. Translationen und orthogonale Abbildungen sind Kompositionen von Hyperebenenspiegelungen, und zentrische Streckungen sind Verkettungen von zwei Inversionen an konzentrischen Kugeln, also ist auch $F = F_L \circ F' \circ F_K$ Verkettung von Hyperebenenspiegelungen und Inversionen.

---

[4]Wir haben hier benutzt, dass die Hauptkrümmungsrichtungen auf einer Hyperfläche unabhängig von der Parametrisierung sind. In der Tat können wir den Isomorphismus $d\varphi_u : \mathbb{R}^m \to T_u$ benutzen, um die Weingartenabbildung A_u als lineare Abbildung von T_u statt von $\mathbb{R}^m$ anzusehen; dann ist sie unabhängig von der Parametrisierung, wie man sich leicht überlegt.

6.4   Die stereographische Projektion

Die meisten der eben beschriebenen konformen Abbildungen können nicht auf dem ganzen $\mathbb{R}^n$ definiert werden; die Inversion an einer Kugel K ist im Zentrum von K nicht definiert, bzw. das Zentrum wird „ins Unendliche" abgebildet. Das war bei den projektiven Abbildungen ähnlich: Eine Hyperebene des affinen Raums wurde ebenfalls „ins Unendliche" geworfen (auf die Fernhyperebene). Die Lösung dieses Problems in der Projektiven Geometrie war eine Erweiterung des affinen Raums zum projektiven Raum durch Hinzunahme einer weiteren Hyperebene, der Fernhyperebene, und genauso werden wir das Problem auch in der Konformen Geometrie lösen: Wir erweitern den $\mathbb{R}^n$ zum „konformen Raum" durch Hinzufügen eines neuen Punktes, den wir „∞" nennen. Aber diesmal ist die Situation einfacher, weil wir diese Erweiterung bereits kennen: Es ist die n-dimensionale Sphäre

$$\mathbb{S}^n = \{(x, t) \in \mathbb{R}^n \times \mathbb{R} = \mathbb{R}^{n+1};\ |x|^2 + t^2 = 1\}, \tag{6.7}$$

und die Einbettung von $\mathbb{R}^n$ in $\mathbb{S}^n$ geschieht durch die *stereographische Projektion* $\Phi : \mathbb{R}^n \to \mathbb{S}^n$: Jeder Punkt $x \in \mathbb{R}^n$ wird dabei in gerader Linie mit dem höchsten Punkt der Sphäre verbunden, dem *Nordpol* $N = e_{n+1} = (0, 1)$. Das Bild $\Phi(x) = (w, t)$ ist der zweite Schnittpunkt der Geraden Nx mit der Sphäre $\mathbb{S}^n$.

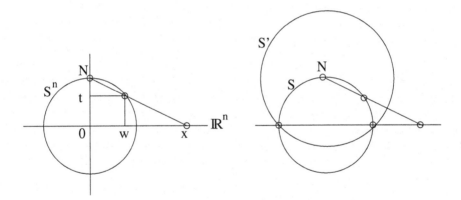

Aus der linken Figur entnimmt man $x = \frac{w}{1-t}$ (Ähnlichkeit der Dreiecke $(x, 0, N)$ und $((w, t), (0, t), N)$); die Umkehrung erhält man durch Einsetzen von $w \stackrel{*}{=} (1 - t)x$ in die Beziehung $|w|^2 + t^2 = 1$:[5]

$$\Phi : \mathbb{R}^n \to \mathbb{S}^n, \quad \Phi(x) = \frac{1}{|x|^2 + 1}(2x, |x|^2 - 1), \quad \Phi^{-1}(w, t) = \frac{w}{1 - t}. \tag{6.8}$$

---

[5] $1 = |w|^2 + t^2 \stackrel{*}{=} (1-t)^2|x|^2 + t^2 \iff (1-t)^2|x|^2 = 1 - t^2 = (1-t)(1+t) \stackrel{t<1}{\iff} (1-t)|x|^2 = 1 + t$
$\iff |x|^2 - 1 = t(|x|^2 + 1) \iff t = (|x|^2 - 1)/(|x|^2 + 1)$ und $w = (1-t)x = 2x/(|x|^2 + 1)$.

Die rechte Figur zeigt, dass Φ und Φ^{-1} Einschränkungen der Inversion $F_{S'}$ an der Sphäre S' um N durch $S \cap \mathbb{R}^n$ sind, denn $F_{S'}$ bildet die Sphäre S durch das Zentrum N von S' auf eine Hyperebene durch $S' \cap S$, also auf $\mathbb{R}^n$ ab, und von N ausgehende radiale Strahlen werden in sich abgebildet. Also sind Φ und Φ^{-1} auch winkel- und kugeltreu. Das sieht man auch direkt aus den folgenden Figuren:

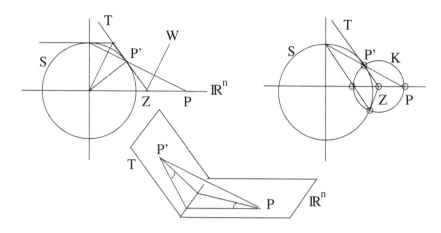

Die Projektionsgerade $P'P$ steht senkrecht auf der Winkelhalbierenden W zwischen den Hyperebenen T und $\mathbb{R}^n$; die Spiegelung an W überführt daher den Winkel zwischen zwei Tangenten von S in den Winkel zwischen ihren Bildgeraden unter der stereographischen Projektion, das zeigt die Winkeltreue von Φ (linke und untere Figur). Die Spiegelung an W überführt aber auch die Strecke $\overline{P'Z}$ in die Strecke $\overline{PZ}$; diese sind also gleich lang. Daraus folgt die Kugeltreue (rechtes Bild): Eine Kugel k' in S kann zu einer Kugel $K \subset \mathbb{R}^{n+1}$ erweitert werden, die S senkrecht in k, schneidet. Der Mittelpunkt von K ist der Punkt Z, die Spitze des Tangentenkegels an S über k'. Wir verschieben die Bildebene $\mathbb{R}^n$ so, dass sie durch Z geht; dabei ändert sich die stereographische Projektion Φ^{-1} nur um eine zentrische Streckung auf $\mathbb{R}^n$. Da Z auf der Winkelhalbierenden W liegt, ist der Abstand von Z zu P' und P gleich, also liegt P ebenso wie P' auf der Kugel K und

$$\Phi^{-1}(S \cap K) = \Phi^{-1}(k) = k := \mathbb{R}^n \cap K. \tag{6.9}$$

Was wird aus der Kugelinversion F_k in $\mathbb{R}^n$, wenn wir sie mit Hilfe von Φ auf die Sphäre $S = \mathbb{S}^n$ verpflanzen, also zu $\Phi \circ F_k \circ \Phi^{-1}$ übergehen? Die Antwort gibt die nächste Figur. Wir erweitern k wieder zu einer Kugel $K \subset \mathbb{R}^{n+1}$, die sowohl $\mathbb{R}^n$ als auch S senkrecht schneidet (nach Verschieben der Bildebene $\mathbb{R}^n$). Nach (6.9) ist $S \cap K$ die Bildkugel von $\mathbb{R}^n \cap K$ unter $\Phi = F_{S'}|_{\mathbb{R}^n}$. Die Inversion $F_{S'}$ bildet also $\mathbb{R}^n$ nach S und $\mathbb{R}^n \cap K$ nach $S \cap K$ ab; da die Kugel K auf $\mathbb{R}^n$ und S senkrecht steht, bleibt sie invariant unter $F_{S'}$. Allgemein gilt: Für jede konforme und kugeltreue Abbildung F ist $F \circ F_K \circ F^{-1}$ die Inversion an der Kugel $\tilde{K} = F(K)$, denn sie lässt die Sphäre $\tilde{K}$ punktweise fest und man sieht leicht, dass die Inversion die einzige nichttriviale konforme und kugeltreue Abbildung mit dieser Eigenschaft ist.[6] Speziell für $F = F_{S'}$ ist $F(K) = K$, und da Φ und Φ^{-1} Einschränkungen von $F_{S'}$ sind, folgt

$$\Phi \circ F_K \circ \Phi^{-1} = F_K|_S. \tag{6.10}$$

Nun lässt F_K die zu K orthogonale Sphäre S invariant und ebenso jede Gerade g durch das Zentrum Z von K, also bleibt auch $g \cap S$ invariant und somit vertauscht F_K die beiden Schnittpunkte von g und S. Die Abbildung $\Phi \circ F_K \circ \Phi^{-1} = F_K|_S$ bewirkt also genau die Vertauschung dieser beiden Punkte.[7]

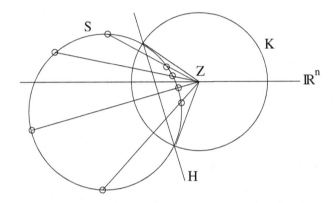

6.5   Der Raum der Kugeln

Unsere konformen Abbildungen auf der Einheitssphäre $\mathbb{S} = \mathbb{S}^n$ erhalten die Menge der Kugeln in $\mathbb{S}$. Jede solche Kugel kann beschrieben werden als Schnitt von $\mathbb{S}$ mit einer Hyperebene $H \subset \mathbb{R}^{n+1}$ oder äquivalent mit einer Kugel $K \subset \mathbb{R}^{n+1}$, die $\mathbb{S}$ senkrecht schneidet. Der Mittelpunkt Z von K ist die Spitze des Tangentenkegels über $\mathbb{S} \cap H$ und der schon in Abschn. 3.8 diskutierte *Pol* der Hyperebene H, siehe Übung 26. Der Pol bestimmt die Hyperebene H und die Kugel $\mathbb{S} \cap H$ eindeutig; die Menge der Kugeln in $\mathbb{S}$ kann daher als die Menge der möglichen Pole, d. h. der Punkte von $\mathbb{R}^{n+1}$ außerhalb von $\mathbb{S}$ angesehen werden. Wenn H durch den Ursprung geht, $\mathbb{S} \cap H$ also eine Großsphäre ist, rückt dieser Pol allerdings ins Unendliche, und wir müssen $\mathbb{R}^{n+1}$ zu $\mathbb{RP}^{n+1}$ erweitern. Wir beschreiben deshalb $\mathbb{S}$ besser als Quadrik in $\mathbb{RP}^{n+1}$, nämlich

$$\mathbb{S} = \{[x] \in \mathbb{RP}^{n+1}; \langle x, x \rangle_- = 0\}, \tag{6.11}$$

---

[6] Falls $F(K)$ eine Hyperebene ist, muss $F \circ F_K \circ F^{-1}$ aus demselben Grund die Spiegelung an dieser Hyperebene sein.

[7] Das ist zugleich ein anderer Beweis des Sehnensatzes am Kreis; vgl. Übung 42, denn für die Inversion F_K gilt $|P - Z||F_K P - Z| = r^2$, wenn r der Radius von K ist.

wobei $\langle x, y \rangle_- = \sum_{i=1}^{n+1} x_i y_i - x_{n+2} y_{n+2}$ für alle $x, y \in \mathbb{R}^{n+2}$, das *Lorentz-Skalarprodukt*[8] auf $\mathbb{R}^{n+2}$. Der Raum $\mathcal{K}$ aller Kugeln in $\mathbb{S}$ (genauer: ihrer Pole) ist der Außenraum von $\mathbb{S}$ in $\mathbb{RP}^{n+1}$, die Menge der *raumartigen* homogenen Vektoren:

$$\mathcal{K} = \{[x] \in \mathbb{RP}^{n+1}; \ \langle x, x \rangle_- > 0\}. \tag{6.12}$$

Es sei $O(n + 1, 1)$ die Gruppe der linearen Abbildungen von $\mathbb{R}^{n+2}$, die dieses Skalarprodukt invariant lassen *(Lorentzgruppe)*:[9] $A \in O(n + 1, 1) \iff \langle Ax, Ay \rangle_- = \langle x, y \rangle_-$ für alle $x, y \in \mathbb{R}^{n+2}$. Die zugehörigen projektiven Abbildungen auf $\mathbb{RP}^n$ lassen $\mathbb{S}$ und $\mathcal{K}$ invariant und sind kugeltreu auf $\mathbb{S}$. Die Lorentz-Spiegelung an einer Hyperebene H, die $\mathbb{S}$ trifft, ist die Inversion an der Kugel $\mathbb{S} \cap H$. Da die Lorentz-Spiegelungen die Gruppe $O(n + 1, 1)$ bis auf $\pm I$ erzeugen (I = Einheitsmatrix), ähnlich wie die euklidischen Spiegelungen die $O(n)$ erzeugen (vgl. Satz 4.3, Abschn. 4.4), und da andererseits die Inversionen die Gruppe Konf($\mathbb{S}^n$) der konformen Abbildungen auf $\mathbb{S}^n$ (die *Möbiusgruppe*)[10] erzeugen, sind die beiden Gruppen identisch:

$$\text{Konf}(\mathbb{S}^n) = PO(n + 1, 1) = O(n + 1, 1)/\pm. \tag{6.13}$$

So gesehen ist die Konforme Geometrie (eigentlich die Geometrie der Kugeln) ein Teilgebiet der Projektiven Geometrie auf $\mathbb{RP}^n$, genauer der Polaren Geometrie, denn es ist zusätzlich eine *Polarität* gegeben, die unter den zulässigen Transformationen erhalten bleibt: das Lorentz-Skalarprodukt $\langle \ , \ \rangle_-$.

6.6 Möbius- und Lie-Geometrie der Kugeln

Die Geometrie der Kugeln in der Sphäre $\mathbb{S}^n$ nach *Möbius* lässt sich noch etwas verfeinern, indem man die homogenen Vektoren $[x] \in \mathcal{K} \subset \mathbb{RP}^{n+1}$ durch erzeugende Vektoren $x \in \mathbb{R}^{n+2}$ mit $\langle x, x \rangle_- = 1$ ersetzt. In jedem $[x]$ gibt es zwei solche Vektoren $x, -x$; damit kommt jede Kugel $K \subset \mathbb{S}^n$ doppelt vor. Geometrisch entspricht die Verdopplung den beiden möglichen Orientierungen oder Seiten der Kugelfläche; anders als im $\mathbb{R}^n$ gibt es ja auf der

---

[8]Hendrik Antoon Lorentz, 1853 (Arnheim) – 1928 (Haarlem).

[9]Das Lorentz-Skalarprodukt und die Lorentzgruppe spielen in Einsteins Spezieller Relativitätstheorie eine große Rolle. Einstein setzte die Erkenntnis um, dass die Lichtgeschwindigkeit c in allen gleichförmig bewegten Systemen dieselbe ist. Auch wenn ich einem Lichtstrahl „nachzujagen" versuche, entfernt er sich immer gleich schnell von mir. Eine Lichtwelle, die zum Zeitpunkt 0 vom Ursprung ausgeht, bildet zur Zeit t die Kugelfläche mit der Gleichung $x_1^2 + x_2^2 + x_3^2 = x_4^2$ mit $x_4 := ct$. Im $\mathbb{R}^4$ = Raum $\times$ Zeit ist das der *Lichtkegel* $C = \{x \in \mathbb{R}^4; \ \langle x, x \rangle_- = 0\}$. Dieser hat also in jedem gleichförmig bewegten Koordinatensystem dieselbe Gleichung. Die zugehörigen Koordinatentransformationen bilden i.W. die Lorentzgruppe.

[10]August Ferdinand Möbius, 1790 (Pforta) – 1868 (Leipzig).

Sphäre $\mathbb{S}^n$ kein „Innen" und „Außen" für eine Kugel-Hyperfläche, sondern beide Seiten sind völlig gleichberechtigt (wie Nord- und Südhalbkugel beim Äquator). Der homogene Vektor $[x]$, der eine Kugel $K = \mathbb{S} \cap H$ definiert, steht ja Lorentz-senkrecht auf der Hyperebene H, die die Kugel K definiert, und die beiden Vektoren $\pm x$ bezeichnen daher die beiden Seiten von H und damit auch von $K = \mathbb{S} \cap H$. Die *orientierten Kugeln* bilden also die Quadrik

$$L = \{x \in \mathbb{R}^{n+2}; \ \langle x, x \rangle_- = 1\},$$

ein Lorentz-Analogon der Einheitssphäre im euklidischen $\mathbb{R}^{n+2}$. Wie bei der Sphäre erbt die Tangentialhyperebene $T_x L = x^\perp = \{v \in \mathbb{R}^{n+2}; \ \langle v, x \rangle_- = 0\}$ das Skalarprodukt $\langle \ , \ \rangle_-|_{T_x L}$, das hier wieder ein Lorentz-Skalarprodukt ist, und die Lorentzgruppe $O(n+1, 1)$ operiert auf L transitiv und isometrisch. Diese Geometrie ist damit die Möbiusgeometrie der orientierten Kugeln.

Man kann noch einen Schritt weitergehen und zu den orientierten Kugeln mit beliebigem Radius auch noch die „Kugeln vom Radius null" hinzunehmen; das sind die *Punkte*. Diesen Schritt hat Sophus Lie[11] getan; nach ihm wurde diese Geometrie Lie-Kugelgeometrie benannt. Algebraisch gesehen muss man zum projektiven Abschluss der Quadrik L übergehen, also eine weitere Koordinate x_{n+3} hinzunehmen und die Gleichung $\langle x, x \rangle_- = 1$ homogenisieren zu $\langle x, x \rangle_- = x_{n+3}^2$ oder $\langle \hat{x}, \hat{x} \rangle_= = 0$ für $\hat{x} = (x_1, \ldots, x_{n+3})$, wobei

$$\langle \hat{x}, \hat{x} \rangle_= := x_1^2 + \cdots + x_{n+1}^2 - x_{n+2}^2 - x_{n+3}^2.$$

Dieses Skalarprodukt ist weder euklidisch noch lorentzartig, denn es hat *zwei* Minus-Zeichen („Index 2"). Der projektive Abschluss von L ist damit

$$\hat{L} = \{[\hat{x}] \in \mathbb{RP}^{n+2}; \ \langle \hat{x}, \hat{x} \rangle_= = 0\},$$

und die Invarianzgruppe $O(n+1, 2)$ des Skalarprodukts $\langle \ , \ \rangle_=$ wirkt darauf transitiv (eigentlich $PO(n+1, 2)$). Die „Kugeln vom Radius null" bilden die Fernpunkte von $\hat{L}$, den Schnitt von $\hat{L}$ mit der Fernhyperebene $\hat{F} = \mathbb{RP}^{n+1}$ (letzte Koordinate $x_{n+3} = 0$), und $\hat{L} \cap \hat{F}$ ist die Sphäre $\mathbb{S}^n$, eben die Menge der Punkte. Die Lie-Kugelgeometrie ist also die Polare Geometrie mit der durch $\langle \ , \ \rangle_=$ gegebenen Polarität.

---

[11] Sophus Lie, 1842 (Nordfjordeid, Norwegen) – 1899 (Christiania, Oslo), 1886–1898 in Leipzig.

Winkelabstand: Sphärische und Hyperbolische Geometrie

Zusammenfassung

Die Geometrie der Sphäre (Kugelfläche) ist uns vertraut, aus dem Alltag wie aus der Geographie. Sie ist ein Teil der Metrischen Geometrie des Raumes, stellt darin aber doch etwas Eigenes dar. Die Entfernung von zwei Punkten auf der Einheitssphäre ist ihr Winkel, gemessen vom Mittelpunkt aus; damit erhält der Winkel eine ganz neue Bedeutung. Es gibt eine zweite Geometrie, die ähnlich definiert ist, aber in vieler Hinsicht genau entgegengesetzte Eigenschaften hat: Dabei wird der umgebende euklidische Raum ersetzt durch die Raumzeit der Speziellen Relativitätstheorie. Die „Sphäre" darin ist ein Modell der Nichteuklidischen Geometrie von Lobachevski und Bolyai, die zu Beginn des 19. Jahrhunderts Aufsehen erregte, weil sie der Überzeugung widersprach, die Euklidische Geometrie sei die einzig denkbare.

7.1 Der hyperbolische Raum

In Abschn. 6.5 haben wir die Wirkung der *Lorentzgruppe* $PO(n, 1)$ auf dem projektiven Raum $\mathbb{RP}^n$ untersucht. Sie besitzt drei Bahnen:

1. die Sphäre $\mathbb{S}^{n-1} = C/\mathbb{R}_*$, wobei $C = \{x \in \mathbb{R}_*^{n+1}; \; \langle x, x \rangle_- = 0\}$ der *Lichtkegel* ist, der in der Speziellen Relativitätstheorie die Tangentenvektoren von Lichtstrahlen beschreibt,
2. den Außenraum $\mathbb{RP}^n \setminus \bar{B}^n$, wobei $\bar{B}^n \subset \mathbb{R}^n \subset \mathbb{RP}^n$ der abgeschlossene Einheitsball ist, genauer

$$\bar{B}^n = \{[v, 1] \in \mathbb{RP}^n; \; v \in \mathbb{R}^n, \; |v| \leq 1\}$$
$$= \{[x] \in \mathbb{RP}^n; \; \langle x, x \rangle_- \leq 0\},$$
$$\mathbb{RP}^n \setminus \bar{B}^n = \{[x] \in \mathbb{RP}^n; \; \langle x, x \rangle_- > 0\},$$

3. den Innenraum $B^n = \{[x] \in \mathbb{RP}^n; \; \langle x, x \rangle_- < 0\}$.

© Springer Fachmedien Wiesbaden GmbH, ein Teil von Springer Nature 2020
J.-H. Eschenburg, *Geometrie – Anschauung und Begriffe,*
https://doi.org/10.1007/978-3-658-28225-7_7

Auf der Sphäre $\mathbb{S}^{n-1}$ wirkt die Lorentzgruppe durch konforme kugeltreue Transformationen, wie wir gesehen haben.[1] Den Außenraum hatten wir als Raum der Kugeln in $\mathbb{S} = \mathbb{S}^{n-1}$ identifiziert, indem wir jeder Kugel in $\mathbb{S}$ (Schnitt mit einer Hyperebene) ihren *Pol* zuordneten; die kugeltreuen Transformationen auf der Sphäre transformieren den Raum der Kugeln entsprechend. Es bleibt noch der Innenraum zu untersuchen. Dieser stellt etwas Neues dar: ein Modell der *Hyperbolischen Geometrie,* und die Lorentzgruppe $PO(n, 1)$ ist die zugehörige Isometriegruppe. Um diese Geometrie vorzustellen, betrachten wir eine Schale des zweischaligen Hyperboloids:

$$H = \{x \in \mathbb{R}^{n+1};\ \langle x, x \rangle_- = -1,\ x_{n+1} > 0\}. \tag{7.2}$$

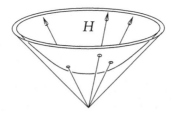

Wir können H benutzen, um die Punkte in B^n, die homogenen Vektoren $[x]$ mit $\langle x, x \rangle_- < 0$, „abzuschneiden" (zu repräsentieren): In jeder Klasse $[x]$ mit $\langle x, x \rangle_- < 0$ finden wir genau ein x mit $\langle x, x \rangle_- = -1$ und $x_{n+1} > 0$; der eindimensionale Unterraum $[x]$ schneidet die Schale H des Hyperboloids genau einmal. Das Lorentz-Skalarprodukt des umgebenden Raums $\mathbb{R}^{n+1}$ definiert Winkel und Abstände auf der Hyperfläche H, genau wie das euklidische Skalarprodukt. Zwar ist das Lorentz-Skalarprodukt indefinit, aber seine Einschränkung auf einen beliebigen Tangentialraum $T_x H$ von H ist doch wieder positiv definit. Das ist klar für $x = e_{n+1}$, denn die Tangentialhyperebene ist „horizontal" und hat keine x_{n+1}-Komponente, wo das Skalarprodukt negativ ist, $T_{e_{n+1}} H = \mathbb{R}^n \subset \mathbb{R}^{n+1}$. Und es gilt ebenso auf $T_x H$ für beliebige $x \in H$, denn die Steigung von $T_x H$ ist stets flacher als die des Lichtkegels, d. h. der „raumartige" Anteil überwiegt für jeden Vektor $y \in T_x H$. Oder noch besser: Jedes x kann durch eine Lorentz-Transformation $A \in O(n, 1)$ auf e_{n+1} abgebildet

---

[1]Speziell auf $\mathbb{S}^2 = \mathbb{C} \cup \{\infty\} = \hat{\mathbb{C}} = \mathbb{CP}^1$ können wir die Gruppe der konformen kreistreuen Abbildungen auch als Gruppe der Möbiustransformationen $f(z) = \frac{az+b}{cz+d}$, $ad - bc \neq 0$ betrachten, wenn wir uns auf die Untergruppe der orientierungstreuen Abbildungen beschränken (die Zusammenhangskomponente dieser Gruppe). Diese wiederum ist die projektive Gruppe in der komplexen Dimension 1, $PGL(2, \mathbb{C})$. Die zweidimensionale Konforme Geometrie und die eindimensionale komplexe Projektive Geometrie sind also identisch,

$$PO^+(3, 1) = PGL(2, \mathbb{C}) \tag{7.1}$$

(wobei $^+$ für orientierungstreu steht). Deshalb können wir auch die Lorentz-Transformationen der Speziellen Relativitätstheorie durch komplexe 2×2-Matrizen beschreiben. Die Gl.(7.1) ist eine der Koinzidenzen zwischen niedrig-dimensionalen Liegruppen, von denen es einige mehr gibt (z. B. $Sp(1) = SU(2)$).

werden, und H bleibt dabei erhalten (weil H durch das Skalarprodukt definiert ist, das von A erhalten wird), also geht auch die Tangentialhyperebene von H in x auf die in e_{n+1} über, und das Lorentz-Skalarprodukt muss auf $T_x H$ ebenso wie auf $T_{e_{n+1}} H = \mathbb{R}^n$ positiv definit sein. Die Hyperboloid-Schale mit der vom Lorentz-Skalarprodukt eingeprägten Geometrie nennen wir den *hyperbolischen Raum* bzw. für $n = 2$ die *hyperbolische Ebene*.

7.2 Abstand auf der Sphäre und im hyperbolischen Raum

Um formal und auch anschaulich zu verstehen, wie das Skalarprodukt des umgebenden Raums eine Geometrie auf der Hyperfläche definiert, betrachten wir zunächst ein einfacheres Beispiel: die Sphäre $\mathbb{S} = \mathbb{S}^n = \{x \in \mathbb{R}^{n+1};\ \langle x, x \rangle = 1\}$ in $\mathbb{R}^{n+1}$ mit dem gewöhnlichen euklidischen Skalarprodukt. Über Winkel haben wir ja schon gesprochen: Der Winkel zwischen zwei sich in $x \in \mathbb{S}$ schneidenden Kurven auf $\mathbb{S}$ wird durch den Winkel ihrer Tangentialvektoren in $T_x \mathbb{S}$ definiert, der wiederum durch das auf $T_x \mathbb{S}$ eingeschränkte Skalarprodukt des umgebenden Raums $\mathbb{R}^{n+1}$ definiert wird. Wie aber steht es mit Abständen, Entfernungen? Wir leben ja alle auf einer Sphäre, auf der Oberfläche unseres Planeten Erde, und kennen das Problem daher auch aus dem Alltag. Die Entfernung von zwei Punkten $x, y \in \mathbb{S}$ könnten wir nach wie vor als $|x - y|$ definieren, aber dieser Abstandsbegriff wäre nicht sehr praxistauglich: Er misst die Länge der Strecke von x nach y, die mitten durch das Erdinnere geht. Ein Flugzeug von $x = $ München nach $y = $ Tokio wird diesen Weg nicht nehmen können. Die Entfernung von x nach y, die für einen Reisenden Bedeutung hat, ist die Länge einer möglichst kurzen Verbindungskurve auf der *Erdoberfläche*:

$$|x, y| := \inf\{L(c);\ c;\ x \overset{\mathbb{S}}{\rightsquigarrow} y\}. \tag{7.3}$$

Hierbei bezeichnet $c : x \overset{\mathbb{S}}{\rightsquigarrow} y$ eine C^1-Kurve $c : [a, b] \to \mathbb{R}^{n+1}$ mit $c(a) = x$, $c(b) = y$ und $c(t) \in \mathbb{S}$ für alle $t \in [a, b]$, und $L(c)$ die Bogenlänge von c,

$$L(c) = \int_a^b |c'(t)|\, dt. \tag{7.4}$$

Wir wissen alle, dass dieses Infimum ein Minimum ist: Es gibt eine kürzeste Kurve von x nach y auf $\mathbb{S}$. Das ist der *Großkreisbogen,* der wie folgt definiert ist. Jede Ebene schneidet $\mathbb{S}$ ja in einem Kreis; wenn die Ebene durch den Mittelpunkt 0 von $\mathbb{S}$ geht, wenn sie also ein zweidimensionaler Untervektorraum ist, dann trifft sie die Sphäre genau da, wo sie „am dicksten" ist, in einem Kreis von maximalem Radius (dem Radius von $\mathbb{S}$), einem *Großkreis*. München liegt auf 48 Grad, Tokio auf 36 Grad nördlicher Breite, aber ein Flugzeug von Tokio nach München fliegt zunächst in den hohen Norden über die Nordküste von Sibirien! Bliebe es in den Breiten zwischen 48 und 36 Grad, wäre der Weg wesentlich länger. Dass der Großkreis der kürzeste Weg zwischen zwei Punkten $x, y \in \mathbb{S}$ ist, kann man am leichtesten sehen, wenn man Kugelkoordinaten benutzt, und zwar solche, für die x und y auf einem gemeinsamen Meridian liegen (was durch eine Drehung der Kugel erreicht werden kann):

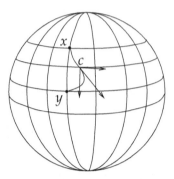

In diesen Koordinaten liegt y genau südlich von x; Jede Kurve $c : x \rightsquigarrow y$, die vom Meridian abweicht, ist länger, weil der Geschwindigkeitsvektor (Ableitung) c' auch eine Ost-West-Komponente hat, während die Nord-Süd-Komponente alleine aufintegriert die Breitendifferenz und damit die Länge des Meridians liefert; weil die Ost-West-Komponente hinzukommt, ist die Länge von c größer als die Breitendifferenz zwischen x und y.[2] Wir können dies analytisch sehen mit der in (5.14) gegebenen Formel für die Kugelkoordinaten φ, θ auf $\mathbb{S}^2$; dann wird $c(t)$ durch zwei Funktionen $\theta(t)$, $\varphi(t)$ ausgedrückt:

$$c(t) = \begin{pmatrix} \sin\theta(t)\cos\varphi(t) \\ \sin\theta(t)\sin\varphi(t) \\ \cos\theta(t) \end{pmatrix},$$

und die Ableitung davon ist

$$c'(t) = \theta'(t)\begin{pmatrix} \cos\theta(t)\cos\varphi(t) \\ \cos\theta(t)\sin\varphi(t) \\ -\sin\theta(t) \end{pmatrix} + \varphi'(t)\begin{pmatrix} -\sin\theta(t)\sin\varphi(t) \\ \sin\theta(t)\cos\varphi(t) \\ 0 \end{pmatrix}.$$

Die beiden Vektoren rechts[3] stehen senkrecht aufeinander und haben Länge 1 und $\sin\theta$, daher ist

$$|c'| = \sqrt{(\theta')^2 + (\varphi')^2 \sin^2\theta} \geq \theta'$$

und für die Länge gilt deshalb $L(c) = \int_a^b |c'(t)|\, dt \geq \int_a^b \theta'(t)dt = \theta(b) - \theta(a)$.

---

[2] Das entsprechende Argument gilt nicht, wenn x und y auf einem gemeinsamen *Breitenkreis* liegen, denn die Breitenkreise auf der Nordhalbkugel werden nach Norden zu immer kürzer; Ausweichen nach Norden kostet zwar eine zusätzliche Nord-Süd-Komponente, aber gleichzeitig wird die Ost-West-Komponente kürzer.

[3] Es sind die partiellen Ableitungen der Abbildung $(\varphi, \theta) \mapsto \begin{pmatrix} \sin\theta\cos\varphi \\ \sin\theta\sin\varphi \\ \cos\theta \end{pmatrix}$ nach θ und φ.

Die Situation bei der Hyperboloid-Schale $H \subset \mathbb{R}^{n+1}$ nach (7.2) ist ganz analog. Wir können genau wie bei der Sphäre schließen, dass die Schnitte von H mit Ebenen E durch den Ursprung 0 die kürzesten Kurven in H sind, die *hyperbolischen Geraden,* wobei die Bogenlänge $L(c)$ von Kurven $c : [a, b] \to H$ jetzt mit Hilfe des Lorentz-Skalarprodukts gebildet wird: Es gilt weiterhin (7.4) mit $|c'| = \sqrt{\langle c', c' \rangle_-}$. Das Argument ist das gleiche wie für die Sphäre; das Analogon der Kugelkoordinaten für $n = 2$ ist die Abbildung

$$(\varphi, \theta) \mapsto \begin{pmatrix} \sinh \theta \cos \varphi \\ \sinh \theta \sin \varphi \\ \cosh \theta \end{pmatrix},$$

bei der die Winkelfunktionen für θ durch die Hyperbelfunktionen $\sinh$, $\cosh$ ersetzt worden sind; wegen $\cosh^2 - \sinh^2 = 1$ ist diese Abbildung eine Parametrisierung von H. Die Bogenlänge einer hyperbolischen Geraden wird analog zum sphärischen Fall auch als *hyperbolischer Winkel* bezeichnet. Wie bei der Sphäre können wir durch Anwenden einer Lorentz-Transformation (eines Elements der Gruppe $O(n, 1)$) erreichen, dass x und y auf einem gemeinsamen Meridian liegen.

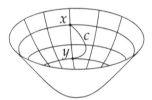

7.3   Modelle der Hyperbolischen Geometrie

Wenn man H vom Ursprung 0 aus geradlinig auf die horizontale Tangentialebene im Punkt e_{n+1} projiziert, dann erhält man eine offene Scheibe D, und die hyperbolischen Geraden $H \cap E$ werden auf Geradenstücke $D \cap E$ innerhalb von D abgebildet.

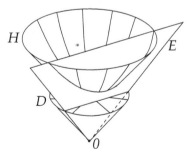

So entsteht das nach *Felix Klein* benannte Modell der hyperbolischen Geometrie: Es ist der Einheitsball D, und die hyperbolischen Geraden sind die Geradenstücke innerhalb von D.

Dies ist eine Realisierung der von *Lobachevski, Bolyai*[4] und *Gauß* gefundenen *Nichteuklidischen Geometrie*, die alle von Euklid aufgestellten Axiome der Geometrie erfüllt mit Ausnahme des Parallelenaxioms: Zu einer Geraden g und einem gegebenen Punkt P außerhalb von g gibt es nicht mehr nur eine, sondern sehr viele Geraden h, die g nicht treffen und in dem Sinn „parallel" zu g sind.

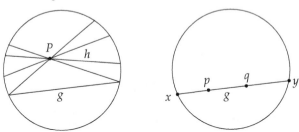

Auch der hyperbolische Abstand (der hyperbolische Winkel) $d_h(p, q)$ von zwei Punkten $p, q \in H$ kann aus dem Kleinschen Modell abgelesen werden (rechte Figur):

$$d_h(p, q) = \frac{1}{2} |\log |DV(p, q, x, y)||. \tag{7.5}$$

Dabei sind $x, y \in S = \partial D$ die Schnittpunkte der Verbindungsgeraden $g = pq$ mit dem Rand von D, und DV bezeichnet das in Abschn. 3.10 eingeführte Doppelverhältnis. Vergleiche hierzu Übungsaufgabe 45.

Der Rand der Scheibe D^n ist die Sphäre $\mathbb{S}^{n-1}$, auf die Lorentzgruppe $PO(n, 1)$ durch konforme Transformationen operiert. Sie ist eine Untergruppe der $PO(n+1, 1)$, der konformen Gruppe auf $\mathbb{S}^n$; die Untergruppe $PO(n, 1)$ besteht aus den Transformationen in $PO(n+1, 1)$, die die obere Halbsphäre $\mathbb{S}^n_+$ von $\mathbb{S}^n$ und damit auch den Äquator $\mathbb{S}^{n-1}$ erhalten. Diese Überlegung führt uns zu einem zweiten Modell der Hyperbolischen Geometrie, das nach *Henri Poincaré*[5] benannt ist: Statt der Geradenstücke g in D^n betrachten wir die senkrecht darüberliegenden Kreisbögen auf $\mathbb{S}^n_+$, die orthogonal auf g projiziert werden (linke Figur):

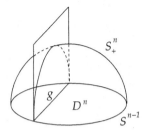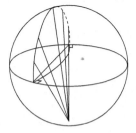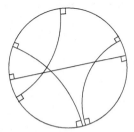

---

[4]Nikolai Iwanowitsch Lobachevski (Lobatschewski), 1792 (Nischni Nowgorod) – 1856 (Kasan), János Bolyai, 1802 (Clausenburg/Cluj Napoca) – 1860 (Neumarkt/Târgu Mureş, heute Rumänien).
[5]Jules Henri Poincaré, 1854 (Nancy) – 1912 (Paris).

Alle diese Kreisbögen schneiden den Äquator $\mathbb{S}^{n-1}$ senkrecht. Da die Gruppe $PO(n, 1) \subset PO(n + 1, 1)$ den Äquator und die obere Halbsphäre $\mathbb{S}^n_+$ invariant lässt und Kreise auf Kreise abbildet, werden die Kreise senkrecht zum Äquator auf ebensolche Kreis abgebildet. Die Transformationen in $PO(n, 1) \subset PO(n + 1, 1)$ operieren aber auch winkeltreu auf der oberen Halbsphäre; deshalb sind die euklidischen Winkel, die wir sehen, auch die Winkel in der Hyperbolischen Geometrie.[6] Wendet man die stereographische Projektion vom Südpol von $\mathbb{S}^n$ an, gehen die Kreisbögen senkrecht zum Äquator in $\mathbb{S}^n_+$ in die „Orthokreise" in D über (mittleres und rechtes Bild). Das rechte Bild gibt das übliche Poincaré-Modell wieder: die Kreisscheibe D mit den Orthokreisen als hyperbolischen Geraden. Das Modell ist konform: Die sichtbaren euklidischen Winkel gleichen an jeder Stelle denen der Hyperbolischen Geometrie.

In Dimension 3 tritt noch eine Besonderheit auf: In Aufgabe 15 sehen wir, dass die konforme Gruppe auf $\mathbb{S}^2$ die Gruppe der Möbiusabbildungen ist, nämlich der projektiven Abbildungen der komplexen Geraden $\mathbb{CP}^1 = \hat{\mathbb{C}}$. Wir haben also $PO(3, 1)^\circ = PGL(2, \mathbb{C})^\circ$, wobei $^\circ$ für die Zusammenhangskomponente der Gruppen-Eins steht. Die komplexe Projektive Geometrie in der komplexen Dimension 1 stimmt mit der zweidimensionalen Konformen Geometrie überein. Das hat Auswirkungen auf die Hyperbolische Geometrie in Dimension 3, denn diese ist die Konforme Geometrie der $\mathbb{S}^2$. Wir haben daher gesehen:

Satz 7.1 *Die Isometriegruppe des hyperbolischen Raums H^3, die Gruppe der Möbiustransformationen $PGL(2, \mathbb{C})$ und die Lorentzgruppe $PO(3, 1)$ der Speziellen Relativitätstheorie haben isomorphe Zusammenhangskomponenten der Eins.*

---

[6]Für dieses Argument benötigen wir einen Punkt, wo die Winkel der Euklidischen und der Hyperbolischen Geometrie bereits übereinstimmen; das ist der Punkt e_{n+1}, denn auf der (horizontalen) Tangentialhyperebene $T_{e_{n+1}}H = \mathbb{R}^n$ stimmt das Lorentz-Skalarprodukt mit dem euklidischen überein. Die Gruppe $PO(n, 1)$ operiert transitiv auf $\mathbb{S}^n_+$ und auf H. Sie erhält die (euklidischen) Winkel auf $\mathbb{S}^n_+$, weil sie konform operiert, und sie erhält die Winkel der Hyperbolischen Geometrie auf H, weil sie isometrisch auf H operiert, denn sie erhält ja das Lorentz-Skalarprodukt und damit den hyperbolischen Abstand.

Übungsaufgaben

8

Zusammenfassung

Die Übungsaufgaben stellen eine sorgfältig ausgewählte Ergänzung des Stoffes dar. Sie bieten Gelegenheit, speziellen Situationen oder Fragen nachzugehen, für die in der systematischen Darstellung nicht genügend Raum zur Verfügung steht. Sie sind von ganz unterschiedlichem Schwierigkeitsgrad, deshalb werden oft Hinweise gegeben, die den Zugang erleichtern.

Aufgabe 1 *„Der Mond ist aufgegangen"*
Betrachten Sie die drei folgenden Skizzen.

(a) In welcher Richtung genau steht die Sonne?
(b) Was kann man jeweils über die Tageszeit sagen? (Tag, Nacht, morgens, abends, vor oder nach Sonnenauf- oder -untergang?) Bitte begründen!

© Springer Fachmedien Wiesbaden GmbH, ein Teil von Springer Nature 2020
J.-H. Eschenburg, *Geometrie – Anschauung und Begriffe,*
https://doi.org/10.1007/978-3-658-28225-7_8

8.1   Affine Geometrie (Kap. 2)

Aufgabe 2 *Gruppenwirkungen*

Es sei X eine Menge und $(G, \cdot)$ eine Gruppe. Eine *Wirkung* von G auf X ist eine Abbildung $w : G \times X \to X$, $(g, x) \mapsto w_g x$ mit den Eigenschaften $w_e = \mathrm{id}_X$ für das Neutralelement $e \in G$ und $w_{gh} = w_g w_h$ für alle $g, h \in G$ (vgl. Abschn. 2.2). Zeigen Sie:

(a) Die Relation $\sim$ auf X, definiert durch $x \sim y \iff_{\mathrm{Def}} \exists_{g \in G} : y = w_g x$ ist eine *Äquivalenzrelation*: $x \sim x$; $x \sim y \Rightarrow y \sim x$; $x \sim y$, $y \sim z \Rightarrow x \sim z$. Die Äquivalenzklassen $[x] = \{w_g x; \ g \in G\} =: Gx$ heißen *Bahnen* oder *Transitivitätsbereiche* der Wirkung w.

(b) Für jedes $x \in X$ ist die Teilmenge $G_x = \{g \in G; \ w_g x = x\}$ eine Untergruppe von G (genannt *Stabilisator* oder *Standgruppe* oder *Isotropiegruppe* von x).

(c) Mit G/G_x bezeichnen wir die *Menge der Nebenklassen*: $G/G_x = \{g G_x; \ g \in G\}$, wobei die *Nebenklasse* $g G_x$ die folgende Teilmenge von G ist: $g G_x = \{gh; \ h \in G_x\}$. Zeigen Sie, dass die Abbildung $w^x : G/G_x \to [x] = Gx$, $g G_x \mapsto w_g x$ wohldefiniert und bijektiv ist. (Der Orbittyp hängt also gar nicht von der Wirkung w ab, sondern nur von der Standgruppe.)

Aufgabe 3 *Würfelgruppe*

Es sei X die Menge der Ecken eines Würfels in Achsenlage (d. h. Kanten parallel zu den drei Koordinatenachsen) und G die Gruppe aller Drehungen des Würfels, die den Würfel wieder in Achsenlage überführen. Bestimmen Sie die Anzahl der Elemente von G mit folgenden Überlegungen: Jede Ecke des Würfels lässt sich in jede andere drehen, und es gibt jeweils drei Drehungen, die eine Ecke fest lassen (wieso drei?). Was hat das mit Aufgabe 2 zu tun?

Aufgabe 4 *Satz von Pappos und Kommutativität*

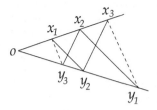

Es sei X ein Vektorraum über einem Körper oder Schiefkörper $\mathbb{K}$. Gegeben seien zwei Geraden durch o und darauf je drei Punkte x_1, x_2, x_3 und y_1, y_2, y_3. Die Geradenpaare $x_1 y_2$ und $x_2 y_1$ sowie $x_2 y_3$ und $x_3 y_2$ seien parallel. Zeigen Sie, dass dann stets auch das dritte (in der Figur gestrichelte) Geradenpaar $x_1 y_3$ und $x_3 y_1$ parallel ist *(Satz von Pappos)*, sofern $\mathbb{K}$ kommutativ ist, und umgekehrt: Wenn diese Eigenschaft stets erfüllt ist, so ist $\mathbb{K}$ kommutativ.

Hinweis: Benutzen Sie die geometrische Kennzeichnung der zentrischen Streckungen S_λ, vgl. Aufgabe 5.

Aufgabe 5 *Zentrische Streckung und Satz von Desargues*

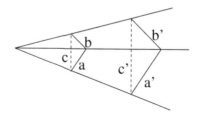

Die zentrische Streckung $S_\lambda : x \mapsto \lambda x$ lässt sich folgendermaßen geometrisch kennzeichnen: Sind x und λx gegeben für einen festen Punkt x und $y \in X$ beliebig, so ist λy der Schnitt der Geraden oy mit der Parallelen zu xy durch den Punkt λx. Zeigen Sie: Die Richtungstreue dieser Abbildung, $[\forall_{x,y \in X} \; S_\lambda(yz) \, || \, yz]$, ist geometrisch übersetzt der *Satz von Desargues*: Gegeben seien zwei Dreiecke mit Eckpunkten auf drei Geraden durch o, so dass zwei der drei Kantenpaare parallel sind: $a \, || \, a'$ und $b \, || \, b'$. Dann ist auch das dritte (in der Figur gestrichelte) Kantenpaar parallel: $c \, || \, c'$.

Aufgabe 6 *Affine Gruppe* $\mathrm{Aff}(X)$

Zeigen Sie, dass die invertierbaren affinen Abbildungen eines Vektorraums X eine Gruppe bilden, die *affine Gruppe* $\mathrm{Aff}(X)$. Berechnen Sie die Komposition von zwei invertierbaren affinen Abbildungen $F, G : X \to X$ mit $F(x) = Ax + a$ und $G(x) = Bx + b$ (wobei A, B lineare Abbildungen sind) sowie die Umkehrabbildung von F. Sie können jeder affinen Abbildung F genau ein solches Paar (A, a) mit $A \in GL(X)$ (= Gruppe der invertierbaren linearen Abbildungen auf X) und $a \in X$ zuordnen. Welches Paar wird dabei der Komposition FG zugeordnet?

Aufgabe 7 *Schwerelinien eines Simplex*

Es sei X ein n-dimensionaler reeller (d. h. $\mathbb{K} = \mathbb{R}$) affiner Raum und $a_0, ..., a_n$ seien affin unabhängige Punkte. Das von $a_0, \dots, a_n$ aufgespannte n-dimensionale *Simplex* Σ ist die konvexe Hülle dieser Punkte:[1]

$$\Sigma = \langle a_0, \dots, a_n \rangle = \left\{ \sum_j \lambda_j a_j; \; \sum_j \lambda_j = 1, \; 0 \leq \lambda_j \leq 1 \right\}.$$

---

[1] Ein n-Simplex für $n = 0$ ist ein Punkt, für $n = 1$ eine *Strecke,* für $n = 2$ ein *Dreieck,* für $n = 3$ ein *Tetraeder.*

Die *Seiten* von Σ sind die $(n-1)$-Simplexe $\Sigma_i = \langle a_0, \ldots \hat{a}_i \ldots, a_n \rangle$ für $i = 0, \ldots, n$, wobei $\hat{a}_i$ das *Fehlen*, das *Auslassen* von a_i bezeichnet. Mit s und s_i seien die *Schwerpunkte* von Σ und Σ_i bezeichnet, also

$$s = \frac{1}{n+1} \sum_j a_j \quad \text{und} \quad s_i = \frac{1}{n} \sum_{j \neq i} a_j.$$

Zeigen Sie, dass die drei Punkte a_i, s und s_i kollinear sind (die gemeinsame Gerade nennen wir *Schwerelinie*), und bestimmen Sie das Verhältnis der Differenzvektoren $(a_i - s)/(s_i - s)$. Bitte eine Skizze (Figur) für $n = 2$.

Aufgabe 8 *Schwerelinien eines Dreiecks*

(a) Zeigen Sie, dass ein Dreieck durch jede seiner Schwerelinien in zwei flächengleiche Teile zerlegt wird. (Fläche eines Dreiecks = $\frac{1}{2} \cdot$ Grundseite $\cdot$ Höhe).

(b) Gilt auch für jede andere Gerade, die durch den Schwerpunkt geht, dass sie das Dreieck in zwei flächengleiche Teile zerlegt? Beweis oder Gegenbeispiel!

Aufgabe 9 *Eulersche Gerade*[2]

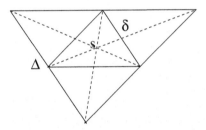

Betrachten Sie ein Dreieck δ und das umbeschriebene Dreieck Δ mit parallelen Seiten wie in der Figur.

(a) Zeigen Sie, dass die beiden Dreiecke einen gemeinsamen Schwerpunkt s haben.

(b) Zeigen Sie, dass Δ aus δ durch Anwenden einer zentrischen Streckung mit Fixpunkt $o = s$ und Streckungsfaktor $\lambda = -2$ entsteht.

(c) Zeigen Sie, dass der Höhenschnittpunkt h von δ gleichzeitig der Umkreismittelpunkt von Δ ist.

(d) Folgern Sie daraus, dass der Schwerpunkt s, der Umkreismittelpunkt (Schnittpunkt der Mittelsenkrechten) m und der Höhenschnittpunkt h des Dreiecks δ auf einer gemeinsamen Geraden liegen. Wie groß ist das Verhältnis $(m - s)/(h - s)$?

---

[2]Leonhard Euler, 1707 (Basel) – 1783 (St. Petersburg).

Aufgabe 10 *Parallelprojektion von Oktaeder und Ikosaeder*

(a) (Siehe Figur am Anfang von Abschn. 4.5.) Zeichnen Sie das *Oktaeder* mit den Eckpunkten $\pm e_1, \pm e_2, \pm e_3$ im Raum $\mathbb{R}^3$ (wobei $e_1 = (1,0,0)$, $e_2 = (0,1,0)$ usw.). Benutzen Sie zur Projektion die parallelentreue Abbildung $F : \mathbb{R}^3 \to \mathbb{R}^2$ mit $F(0) = 0$, $F(e_1) = (-5, -4)$, $F(e_2) = (6, -3)$, $F(e_3) = (0, 6)$. In dieses Oktaeder hinein zeichnen Sie ein *Ikosaeder*, dessen 12 Eckpunkte auf den 12 Kanten des Oktaeders liegen und diese im Verhältnis des *Goldenen Schnitts*[3] unterteilen. Auf diese Weise wird jeder Oktaederseite ein kleineres gleichseitiges Dreieck einbeschrieben, und der Unterteilungspunkt jeder Oktaederkante legt diese kleineren Dreiecke in beiden an der Kante angrenzenden Oktaederdreiecken fest.

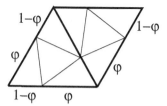

Der Unterteilungspunkt der Kante $e_1 e_3$ liege näher bei e_3 als bei e_1. Beachten Sie, dass Verhältnisse gleichgerichteter Strecken unter parallelentreuen Abbildungen erhalten bleiben, also auch unter der Parallelprojektion. Stellen Sie sich das Oktaeder aus Stangen zusammengesetzt vor und das Ikosaeder darin als massiven Körper. Zeichnen Sie nur sichtbare Kanten, und klären Sie die Überkreuzungen mit Oktaederkanten.

(b) Dieses Ikosaeder besitzt zwei Sorten von Kanten: Die einen liegen jeweils in einer Oktaederseite, die anderen verbinden Punkte in benachbarten Oktaederseiten. Zeigen Sie, dass dennoch alle Kanten die gleiche Länge haben.

(c) Zeigen Sie, dass diese Konstruktion auch durch die Ecken des Symbols des Berliner Matheon (www.matheon.de) gegeben wird, bei dem drei gleich große „goldene" Rechtecke (d. h. deren Seitenlängen im goldenen Schnittverhältnis stehen), durch einen „goldenen" Schlitz in der Mitte zusammengesteckt werden, siehe Figuren.

---

[3]Der *Goldene Schnitt*, siehe Aufgabe 28, unterteilt eine Strecke in zwei Abschnitte $a + b$ mit $a > b$ so, dass $a/b = (a+b)/a = 1 + b/a$, und das Verhältnis $\varphi = b/a$ erfüllt somit $1/\varphi = 1 + \varphi$ oder $1 = \varphi + \varphi^2$ (also $\varphi = \frac{1}{2}(\sqrt{5} - 1)$). Dieses Unterteilungsverhältnis wird von den Quotienten aufeinanderfolgender Fibonaccizahlen 5/8, 8/13, 13/21 usw. approximiert. Die *Fibonaccizahlen* (benannt nach Leonardo von Pisa, genannt Fibonacci, ca. 1170–1240) bilden die mit 0 und 1 beginnende Zahlenfolge, bei der jede Zahl die Summe ihrer beiden Vorgänger ist: 0, 1, 1, 2, 3, 5, 8, 13, 21, . . .

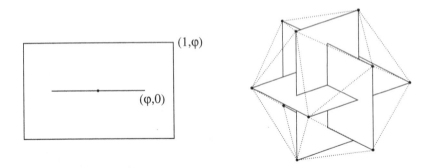

8.2   Projektive Geometrie (Kap. 3)

Aufgabe 11 *Perspektive*

Zeichnen Sie ein Haus mit Giebeldach perspektivisch schräg von oben (Vogelperspektive).
Vertikale Linien sollen auch in der Zeichnung vertikal sein, und die rechte Kante der Giebelfront soll vorne liegen. Die Giebelfront soll in der Realität bis zum Dachansatz quadratisch
sein, und die Dachschräge soll 45° betragen. Ihre Zeichnung soll auch die Horizonte aller
beteiligten Ebenen enthalten (Fußboden, Wände, Dachschrägen). Geben Sie kurze Erklä-
rungen und Begründungen für alle Konstruktionsschritte.

Aufgabe 12 *Fotografische Abbildung*

Bestimmen Sie im dreidimensionalen Raum (Koordinaten x, y, z) die Zentralprojektion
mit Projektionszentrum $(0, 1, 1)$, die die xy-Ebene (Urbildebene) auf die xz-Ebene (Bildebene) abbildet (Zeichnung!), d. h. berechnen Sie die Zuordnungsvorschrift $(x, y) \mapsto (\tilde{x}, \tilde{z})$.
Bestimmen Sie den Horizont in der xz-Ebene und zeigen Sie, dass die Bilder paralleler
Geraden der xy-Ebene auf dem Horizont einen Schnittpunkt besitzen (mit Ausnahme der
zum Horizont parallelen Geraden).

Aufgabe 13 *Dürers „Heiliger Hieronymus"*

Bitte vertiefen Sie sich einmal in den Kupferstich „Der Heilige Hieronymus im Gehäus"
von Albrecht Dürer (1514).[4] Wie vielfach bei Dürer ist darin eine Fülle von geometrischen
Ideen enthalten. Mit dem Zusatzwissen, dass einige Winkel in der Realität rechte Winkel sind
(Tisch, Fenster, …) kann man aus der perspektivischen Darstellung den exakten Grundriss
des Zimmers konstruieren! Erklären Sie mit Hilfe der Zeichnung einige Elemente davon:

---

[4] Abbildung z. B. unter https://deacademic.com/dic.nsf/dewiki/318939.
Hieronymus, 347 (Stridon, Dalmatien) – 414 (Bethlehem), übersetzte das Neue Testament vom Griechischen ins Lateinische (Vulgata): „Gloria in excelsis Deo, et in terra pax hominibus bonae volun-
tatis". Er galt als sehr tierlieb; nach einer Legende soll er einem Löwen einen Dorn aus der Pfote
gezogen haben, daher wird er immer mit dem Löwen abgebildet.

Der Tisch ist „in Wahrheit" quadratisch und der Winkel zwischen Kante und Diagonale des Stuhls (f und g) ist „in Wahrheit" der Winkel β zwischen $\bar{f}$ und $\bar{g}$ in der Zeichnung.

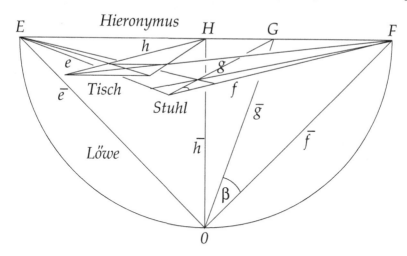

Aufgabe 14 *Projektive Abbildungen*

(a) Eine Diskussion:

A: Eine projektive Abbildung der reellen Ebene sollte durch die Bilder von drei Punkten festgelegt sein. Sie kommt ja von einer linearen Abbildung des $\mathbb{R}^3$ her, und diese ist bekanntlich durch die Bilder von drei Basisvektoren festgelegt. Drei Punkte legen eine Ebene fest; ein Tisch mit drei Beinen kippelt bekanntlich nicht.

B: Aber wir haben doch bei den perspektivischen Darstellungen gesehen, dass wir ein Quadrat oder ein Rechteck durch eine projektive Abbildung auf ein beliebiges Viereck abbilden können, also müssten wir doch vier Punkte vorgeben können, nicht nur drei!

C: Stimmt das denn mit dem *beliebigen* Viereck? Muss nicht das Bild des (konvexen) Quadrats unter einer projektiven Abbildung wieder konvex sein? Konvexität ist doch mit Hilfe von Geraden definiert, und Geraden werden wieder auf Geraden abgebildet. Aber nicht alle Vierecke sind konvex!

Sie: Wem geben Sie recht, wem nicht? Mit welchen Argumenten? (Vgl. (b).)

(b) Betrachten Sie das Beispiel der projektiven Abbildung $F = [A]$, wobei A die Basisvektoren $b_1 = (1, 0, 1)$, $b_2 = (0, 1, 1)$ und $b_3 = (0, 0, 1)$ auf b_1, b_2 und $-b_3$ abbildet. Was ist das Bild des Quadrats in der affinen Ebene $\mathbb{A}^2 = \{[x, y, 1];\ x, y \in \mathbb{R}\} \subset \mathbb{P}^2$ mit den Eckpunkten $[0, 0, 1]$, $[1, 0, 1]$, $[0, 1, 1]$, $[1, 1, 1]$? Bewerten Sie die voranstehende Diskussion mit Hilfe dieses Ergebnisses. Wer hat recht? Wo liegen Denkfehler vor?

(c) Versuchen Sie, ein allgemeines Ergebnis des folgenden Typs zu formulieren und zu beweisen: „*Eine projektive Abbildung des n-dimensionalen projektiven Raums $\mathbb{P} = \mathbb{P}^n$ über einem beliebigen Körper $\mathbb{K}$ wird durch die Bilder von k beliebigen Punkten in $\mathbb{P}$ (geben Sie k in Abhängigkeit von n an) mit den folgenden Eigenschaften . . . festgelegt.*" Beginnen Sie mit dem Fall $n = 2$.

Aufgabe 15 *Projektive Gerade*
Die projektive Gerade $\mathbb{P}^1 = P_{\mathbb{K}^2}$ über einem Körper $\mathbb{K}$ lässt sich mit $\hat{\mathbb{K}} := \mathbb{K} \cup \{\infty\}$ identifizieren, nämlich durch die Abbildung $\phi : \hat{\mathbb{K}} \to \mathbb{P}^1$, $\phi(x) = [x, 1]$ für alle $x \in \mathbb{K}$ und $\phi(\infty) = [1, 0]$. Zeigen Sie, dass bei dieser Identifizierung die projektiven Abbildungen von $\mathbb{P}^1$ genau in die *gebrochen-linearen* Funktionen $f : \hat{\mathbb{K}} \to \hat{\mathbb{K}}$, $f(x) = \frac{ax+b}{cx+d}$ für $a, b, c, d \in \mathbb{K}$ mit $ad - bc \neq 0$ übergehen.

Aufgabe 16 *Welche semilinearen Abbildungen sind trivial auf $\mathbb{P}$?*
Es sei V ein Vektorraum über einem beliebigen (Schief-)Körper $\mathbb{K}$. Bestimmen Sie alle invertierbaren semilinearen Abbildungen $S : V \to V$, die auf P_V als die Identität wirken, also $[Sv] = [v]$ für alle $v \in V_* = V \setminus \{0\}$.

Aufgabe 17 *Semilineare Gruppe*
Es sei $\overline{GL}(\mathbb{K}^n)$ die Gruppe der umkehrbaren semilinearen Abbildungen auf $\mathbb{K}^n$ und $GL(\mathbb{K}^n)$ die Untergruppe der linearen Abbildungen. Zeigen Sie:

(a) Jeder Körperautomorphismus $\sigma : \mathbb{K} \to \mathbb{K}$, $\lambda \mapsto \lambda^\sigma$ definiert eine semilineare Abbildung auf $\mathbb{K}^n$, nämlich $x = (x_1, \ldots, x_n) \mapsto x^\sigma := (x_1^\sigma, \ldots, x_n^\sigma)$. Damit wird die Gruppe $\mathrm{Aut}(\mathbb{K})$ aller Körperautomorphismen zu einer Untergruppe der Semilinearen Gruppe $\overline{GL}(\mathbb{K}^n)$, welche die lineare Gruppe $GL(\mathbb{K}^n)$ nur in der Identität id schneidet.
(b) Zeigen Sie, dass jede semilineare Abbildung in $\overline{GL}(\mathbb{K}^n)$ eindeutig als Komposition einer linearen Abbildung mit einem Körperautomorphismus geschrieben werden kann.
(c) Berechnen Sie diese Komposition für ein Produkt $A\alpha B\beta$ mit $A, B \in GL(\mathbb{K}^n)$ und $\alpha, \beta \in \mathrm{Aut}(\mathbb{K})$ und und zeigen Sie damit, dass $\overline{GL}(\mathbb{K}^n)$ ein semidirektes Produkt von $G = GL(\mathbb{K}^n)$ und $H = \mathrm{Aut}(\mathbb{K})$ ist. *Zur Erinnerung: Ein semidirektes Produkt[5] von zwei Gruppen G und H ist das kartesische Produkt $G \times H$ mit der Verknüpfung*

$$(g, h)(g', h') = (g w_h(g'), hh'),$$

wobei w eine Wirkung von H auf G durch Automorphismen ist, also ein Gruppenhomomorphismus $w : H \to \mathrm{Aut}(G)$. Als Beispiel oder Modell kennen Sie bereits die affine Gruppe als semidirektes Produkt der Translationsgruppe $G = \mathbb{R}^n$ und der Linearen Gruppe $H = GL(n, \mathbb{R})$, siehe Aufgabe 6.

---

[5]https://en.wikipedia.org/wiki/Semidirect_product

Aufgabe 18 *Kollineationen erhalten Unterräume!*

Es sei V ein Vektorraum über einem Körper $\mathbb{K}$ und $P = P_V = \{[v]; \, v \in V \setminus \{0\}\}$ der zugehörige projektive Raum. Zeigen Sie geometrisch, dass eine Kollineation $F : P_V \to P_V$ jeden k-dimensionalen projektiven Unterraum von P_V wieder auf einen k-dimensionalen Unterraum abbildet.

Hinweise: Induktion über k. Ein k-dimensionaler Unterraum wird durch einen $(k-1)$-dimensionalen Unterraum und eine Gerade aufgespannt.

Aufgabe 19 *Kreis, Parabel, Hyperbel sind projektiv äquivalent!*

Homogenisieren Sie die Gleichungen des Kreises $x^2 + y^2 = 1$, der Parabel $y = x^2$ und der Hyperbel $x^2 - y^2 = 1$. Geben Sie explizit invertierbare lineare Abbildungen des $\mathbb{R}^3$ und damit projektive Abbildungen des $\mathbb{RP}^2$ an, die die projektiven Abschlüsse von Kreis, Parabel und Hyperbel ineinander überführen.

Aufgabe 20 *Projektive Abbildungen*

(Vgl. Aufgabe 14) Zeigen Sie: Jede projektive Abbildung $F = [A] : \mathbb{P}^n \to \mathbb{P}^n$ ist durch $n + 2$ Punkte in $\mathbb{P}^n$ bestimmt, z. B. die Bilder der Punkte $[e_1], \ldots, [e_{n+1}]$ und $[e]$ mit $e := e_1 + \ldots + e_{n+1} = \sum_i e_i$ (wobei e_i für $i = 1, \ldots, n+1$ die kanonischen Basisvektoren des $\mathbb{K}^{n+1}$ sind: $e_1 = (1, 0, \ldots, 0)$, $e_2 = (0, 1, 0, \ldots, 0)$,..., $e_{n+1} = (0, \ldots, 0, 1)$). Dabei können die Bildpunkte $[a_i] = F[e_i] = [Ae_i]$ und $[a] = F[e] = [Ae]$ in $\mathbb{P}^n$ beliebig vorgegeben werden unter der Bedingung, dass je $n + 1$ der $n + 2$ Vektoren $a_1, \ldots, a_{n+1}, a$ linear unabhängig sind.

Hinweise: Geben Sie $n + 2$ solche Vektoren $a_1, \ldots, a_{n+1}, a$ vor; dann ist $a = \sum_i \alpha_i a_i$ mit uns bekannten $\alpha_i \in \mathbb{K}$, und zwar ist $\alpha_i \neq 0$ – warum? Nun können wir $Ae_i = \lambda_i a_i$ und $Ae = \lambda a$ setzen und die noch unbekannten Skalare λ_i und λ (bis auf einen gemeinsamen Faktor $\neq 0$) aus den Beziehungen zwischen e und e_i sowie zwischen a und a_i bestimmen.

Aufgabe 21 *Fernpunkte der Hyperbel*

Erklären Sie, warum bei der Hyperbel $\{(x, y) \in \mathbb{R}^2; \, x^2 - y^2 = 1\}$ die Fernpunkte der Asymptoten $x = y$ und $x = -y$ (Figur!) als Fernpunkte der Hyperbel (d. h. als Punkte des projektiven Abschlusses der Hyperbel) zu betrachten sind. Erklären Sie den Sachverhalt nicht nur auf eine, sondern auf möglichst viele Weisen: geometrisch und algebraisch, in der Ebene und mit Hilfe des Kegels im Raum.

Hinweis: Schreiben Sie bitte so, wie Sie es gerne selbst erklärt haben würden! Scheuen Sie sich nicht, an „Bekanntes" zu erinnern: Was sind Fernpunkte? Wie ist die projektive Ebene erklärt? Welche Rolle spielt der Kegel mit der Gleichung $x^2 - y^2 - z^2 = 0$? Wie sieht er aus? Figuren!

Aufgabe 22 *Projektiver Typ einer Quadrik*
Bestimmen Sie die Normalform (den Typ) der projektiven Quadrik $Q \subset \mathbb{RP}^3$, die die
Lösungsmenge der folgenden Gleichung ist:

$$x^2 + 2y^2 + z^2 + 4w^2 + 4xy + 6xw + 8yw - 2zw = 0.$$

Aufgabe 23 *Geraden auf dem einschaligen Hyperboloid*
Betrachten Sie das einschalige Hyperboloid $Q = \{[s, t, u, v] \in \mathbb{P}^3;\ st = uv\}$. Zeigen Sie,
dass die Geraden

$$g_\lambda = \{[s, t, u, v];\ s/u = v/t = \lambda\},$$
$$h_\mu = \{[s, t, u, v];\ s/v = u/t = \mu\}$$

für festes $\lambda, \mu \in \mathbb{K} \cup \{\infty\}$ nicht nur ganz in Q liegen, sondern auch in allen Tangential-
ebenen von Q in jedem der Punkte, durch die sie verlaufen. *Erinnerung an die Begriffe
Tangente, Tangentialebene, Tangentialraum: Der Tangentialraum der Quadrik $Q = \{[x] \in
\mathbb{P}^n;\ \beta(x, x) = 0\}$ im Punkt $[x] \in Q$ ist die Hyperebene $T_{[x]}Q = \{[v] \in \mathbb{P}^n;\ \beta(x, v) = 0\}$.
Hierbei bezeichnet β eine symmetrische Bilinearform auf $\mathbb{K}^{n+1}$.*

Aufgabe 24 *Satz von Pappos, projektive Version*
Formulieren (Figur!) und beweisen Sie die projektive Version des Satzes von Pappos (vgl.
Aufgabe 4) in einer projektiven Ebene über einem kommutativen Körper. Was wird dabei
aus den Parallelen, die in der (als bekannt vorauszusetzenden) affinen Version vorkamen?

Aufgabe 25 *Dualer Satz zu Pappos*
Bestimmen Sie zum projektiven Satz von Pappos (siehe nachfolgende Figuren) den dualen
Satz und demonstrieren Sie seine Aussage anhand einer eigenen Figur.

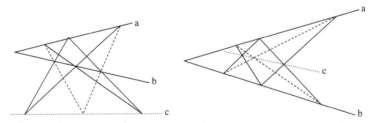

Zusatzfrage: Der Satz von Pappos ist der Satz von Pascal für einen *ausgearteten* Kegelschnitt, ein Geradenpaar (vgl. die zweite Figur zum Satz von Pascal); er ist also ein Grenzfall
des Satzes von Pascal. Kann man den dualen Satz analog als Grenzfall des Satzes von Brianchon deuten?

Aufgabe 26 *Polarität*

Betrachten Sie die Polarität auf $\mathbb{RP}^2$, die mit Hilfe der auf $\mathbb{R}^3$ definierten Bilinearform $\beta(v, w) = v_1 w_1 + v_2 w_2 - v_3 w_3 = \langle v, w \rangle_-$ gegeben ist: Jedem Punkt $P = [x] \in \mathbb{RP}^2$ („*Pol*") wird die Gerade $g = \{[v]; \; \beta(x, v) = 0\} \subset \mathbb{RP}^2$ („*Polare*") zugeordnet und umgekehrt. Zeigen Sie, dass diese Polarität in der affinen Ebene durch die nachstehende Konstruktion (siehe Figur) gegeben wird. Verwenden Sie, dass die Polarität die Operationen „Schneiden" und „Verbinden" vertauscht.

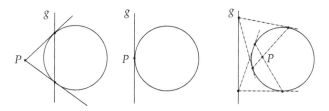

Aufgabe 27 *Doppelverhältnis*

Zeigen Sie: Die projektiven Abbildungen auf $\mathbb{P}^1$ sind genau die bijektiven Abbildungen $F : \mathbb{P}^1 \to \mathbb{P}^1$, die das Doppelverhältnis invariant lassen:

$$DV(Fx, Fy, Fz, Fw) = DV(x, y, z, w) \text{ für alle } x, y, z, w \in \mathbb{P}^1 = \mathbb{K} \cup \{\infty\}.$$

8.3   Euklidische Geometrie (Kap. 4)

Aufgabe 28 *Fünfeck und Goldener Schnitt*

(a) Zeigen Sie, dass Diagonale $a + b$ und Seitenlänge a beim regelmäßigen Fünfeck (siehe Figur) im goldenen Schnittverhältnis stehen: $\frac{a+b}{a} = \frac{a}{b}$. Benutzen Sie dazu die Ähnlichkeit (?!) der schraffierten Dreiecke in der nachfolgenden Figur.

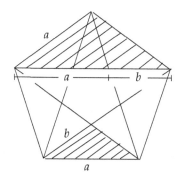

(b) Der Goldene Schnitt $\frac{a}{b} > 1$ wird manchmal mit dem griechischen Buchstaben Φ (Phi) bezeichnet, nach dem altgriechischen Bildhauer Phidias (ca. 500–430 v. Chr.), der ihn vielfach in seiner Kunst benutzt hat. Wegen $\frac{a}{b} = \frac{a+b}{a} = 1 + \frac{b}{a}$ gilt $\Phi = 1 + 1/\Phi$ oder $\Phi^2 = \Phi + 1$, woraus sich $\Phi = \frac{1}{2}(\sqrt{5} + 1)$ ergibt. Den Kehrwert $\frac{b}{a} = 1/\Phi < 1$ bezeichnen wir mit φ; aus $\Phi = 1 + 1/\Phi$ folgt $\varphi = \Phi - 1$, woraus durch Multiplikation mit φ folgt: $\varphi^2 = 1 - \varphi$. Machen Sie sich diese Rechnungen klar!

Aufgabe 29 *Dürers Konstruktion*

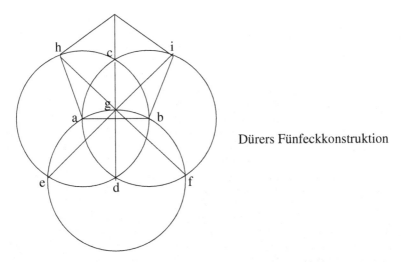

Dürers Fünfeckkonstruktion

Ist die in der Figur gegebene Fünfeckkonstruktion aus Albrecht Dürers „Underweysung der Messung" [8] exakt? Dabei sind *a* und *b* vorgegeben, und die übrigen Punkte werden in alphabetischer Reihenfolge konstruiert.

Aufgabe 30 *Fünfeckkonstruktion*

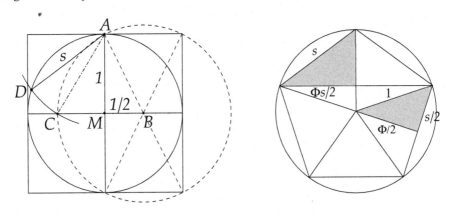

Zeigen Sie, dass die linke Figur eine korrekte Konstruktion der Fünfeckseite AD ist; dabei ist $|A - B| = |C - B|$ und $|A - C| = |A - D|$.

Zeigen Sie zunächst $|C - M| = \varphi$ und folgern Sie $|A - C|^2 = 1 + \varphi^2 = 2 - \varphi$; benutzen Sie Aufgabe 28(b). Nun müssen Sie zeigen, dass das Fünfeck im Einheitskreis die gleiche Seitenlänge hat. Die beiden grau unterlegten Dreiecke in der rechten Figur sind ähnlich (?!). Die Proportionen im linken dieser Dreiecke folgen aus Aufgabe 28(a). Schließen Sie nun aus dem rechten Dreieck: $(s/2)^2 = 1 - (\varphi + 1)^2/4 = (2 - \varphi)/4$.

Aufgabe 31 *Tetraederwinkel*

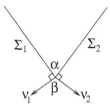

Berechnen Sie den Kantenwinkel α des regulären Tetraeders mit den Ecken $e_1, ..., e_4 \in \mathbb{R}^4$.

Hinweis: Ein Normalenvektor der Seite Σ_1 mit den Ecken e_2, e_3, e_4 ist $v = e_1$, aber dieser ist nicht tangential an die Hyperebene H durch die Punkte $e_1, ..., e_4$; dazu müssen wir von v noch die Komponente in Richtung des Vektors $d = (1, 1, 1, 1)$ senkrecht zu H abziehen. Der richtige Normalenvektor ist also $v = e_1 - \frac{\langle e_1, d \rangle}{\langle d, d \rangle} d$.
Berechnen Sie den entsprechenden Winkel auch für das n-dimensionale reguläre Simplex.

Aufgabe 32 *Konstruktion des Dodekaeders*
(Konstruktion des Ikosaeders siehe Aufgabe 10.) Das Dodekaeder lässt sich aus dem Würfel mit Eckpunkten $(\pm 1, \pm 1, \pm 1)$ konstruieren: In der Mitte jedes Seitenquadrats werden in einer Koordinatenebene senkrecht zur Seite nebeneinander zwei Quadrate von Kantenlänge φ (Goldener Schnitt < 1) auf die Seite aufgepflanzt, wobei alle drei Koordinatenebenen vorkommen. Die 20 Dodekaederecken sind die 8 Ecken des Würfels sowie die 12 freien Ecken der aufgepflanzten Quadrate. Die rechte Figur zeigt die räumliche Situation, die linke den Schnitt mit der $x_1 x_2$-Ebene. Der Goldene Schnitt wird mit $\Phi > 1$ bzw. $\varphi = 1/\Phi$ bezeichnet. Die Zahlenpaare und -tripel (ohne Komma und Klammer geschrieben, z. B. 11, $\Phi\varphi$ oder $\Phi 0\varphi$) bezeichnen die Koordinaten der Punkte in der Ebene und im Raum.

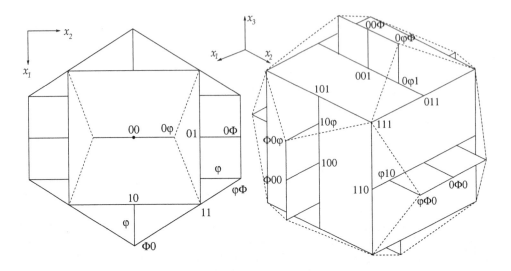

Überzeugen Sie sich davon, dass die Konstruktion tatsächlich das reguläre Dodekaeder ergibt. Benutzen Sie die Rechenregeln des Goldenen Schnitts: $\Phi^2 = 1 + \Phi$, $\varphi = 1/\Phi = \Phi - 1$, $\varphi^2 = 1 - \varphi$. Zeigen Sie im Einzelnen:

(a) Alle 20 Punkte, z. B. $(1, 1, 1)$ und $(\varphi, \Phi, 0)$ liegen auf einer Sphäre um den Ursprung $(0, 0, 0)$ mit Radius $\sqrt{3}$.

(b) Je zwei benachbarte Punktepaare, z. B. $(\varphi, \Phi, 0)$, $(-\varphi, \Phi, 0)$ sowie $(\varphi, \Phi, 0)$, $(1, 1, 1)$ haben Abstand 2φ.

(c) Die Punkte der Fünfecke liegen in einer gemeinsamen Ebene. Man betrachte dazu die linke Figur und zeige, dass die Punkte $(\Phi, 0)$, $(1, 1)$ und (φ, Φ) auf einer gemeinsamen Geraden liegen (d. h. die Differenzvektoren sind linear abhängig).

(d) Die Fünfecke sind regulär. Begründung: Diagonale / Seite $= \Phi$, vgl. Aufgabe 28(a).

Aufgabe 33 *Ecken des 24-Zells*[6]

Gegeben sei der Würfel im $\mathbb{R}^n$ mit den Ecken $(\pm 1, \ldots, \pm 1)$ und der Kowürfel mit den Ecken $\pm 2e_1, \ldots, \pm 2e_n$. Wir betrachten die konvexe Hülle K der Vereinigung beider Eckenmengen. Die Figur zeigt den Fall $n = 3$.

---

[6]https://en.wikipedia.org/wiki/24-cell

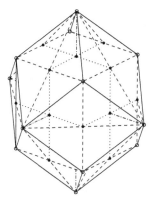

(a) Zeigen Sie, dass nur für $n = 4$ die Würfel- und die Kowürfelecken gleichen Abstand vom Ursprung haben, also auf einer gemeinsamen Sphäre liegen.

(b) Zeigen Sie für $n = 4$ weiterhin, dass die Länge der Würfelkante gleich dem Abstand von benachbarten Würfel- und Kowürfelecken ist. Schließen Sie daraus, dass alle Kanten von K gleich lang sind.

(c) Zeigen Sie, dass z. B. die Spiegelung an der Mittelsenkrechten der Strecke von $(2, 0, 0, 0)$ nach $(1, -1, -1, -1)$ die Vereinigung der Ecken von Würfel und Kowürfel invariant lässt (Symmetrien nutzen!). Diese Spiegelung liegt also in der Isometriegruppe von K, die auch noch die (gemeinsame) Symmetriegruppe von Würfel und Kowürfel enthält.

(d) Schließen Sie daraus, dass die Isometriegruppe von K transitiv auf der Eckenmenge von K wirkt.

Aufgabe 34 *$SO(2)$ und komplexe Zahlen, $SU(2)$ und Quaternionen*

(a) Die Gruppe $SO(2)$ besteht aus den ebenen Drehungen $A = \begin{pmatrix} \cos\alpha & -\sin\alpha \\ \sin\alpha & \cos\alpha \end{pmatrix}$ für einen Winkel $\alpha \in [0, 2\pi]$.

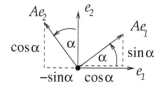

Also ist $SO(2) = \left\{ \begin{pmatrix} a & -b \\ b & a \end{pmatrix} : a, b \in \mathbb{R},\ a^2 + b^2 = 1 \right\}$, was man auch direkt aus der Eigenschaft sieht, dass die beiden Spaltenvektoren eine Orthonormalbasis mit Determinante eins bilden. Das ist eine kommutative Gruppe, denn ebene Drehungen sind vertauschbar. Zeigen Sie, dass die Menge der Drehstreckungen der Ebene,

$$\mathbb{C}' := \mathbb{R} \cdot SO(2) = \left\{ \begin{pmatrix} a & -b \\ b & a \end{pmatrix}; \ a, b \in \mathbb{R} \right\}$$

eine kommutative Unteralgebra (Untervektorraum und Unterring) von $\mathbb{R}^{2 \times 2}$ ist, die isomorph ist zum Körper $\mathbb{C}$ der komplexen Zahlen, wobei $1 = I = \begin{pmatrix} 1 \\ & 1 \end{pmatrix}$ und $i = J = \begin{pmatrix} & -1 \\ 1 & \end{pmatrix}$.

(b) Die *unitäre Gruppe* ist das komplexe Analogon zur orthogonalen Gruppe: $U(n) = \{A \in \mathbb{C}^{n \times n}; \ A^*A = I\}$, wobei I die Einheitsmatrix und $A^* = \bar{A}^t$ die adjungierte (= konjugiert transponierte) Matrix ist: Ist $A = (a_{ij})$, so sind die Koeffizienten b_{ij} von A^* durch $b_{ij} = \overline{a_{ji}}$ gegeben (mit der komplexen Konjugation $\overline{x + iy} = x - iy$). Die Gleichung $A^*A = I$ sagt, dass die Spalten von A eine Orthonormalbasis bezüglich des *hermiteschen* Skalarprodukts $\langle v, w \rangle = v^*w = \sum \bar{v}_i w_i$ auf $\mathbb{C}^n$ bilden. Eine wichtige Untergruppe der $U(n)$ ist die *Spezielle unitäre Gruppe*, nämlich $SU(n) = \{A \in U(n); \ \det A = 1\}$. Zeigen Sie $SU(2) = \left\{ \begin{pmatrix} a & -\bar{b} \\ b & \bar{a} \end{pmatrix}; \ a, b \in \mathbb{C}, \ |a|^2 + |b|^2 = 1 \right\}$ und folgern Sie:

$$\mathbb{H} := \mathbb{R} \cdot SU(2) = \left\{ \begin{pmatrix} a & -\bar{b} \\ b & \bar{a} \end{pmatrix}; \ a, b \in \mathbb{C} \right\}$$

ist eine $\mathbb{R}$-Unteralgebra von $\mathbb{C}^{2 \times 2}$ und alle Elemente $\neq 0$ von $\mathbb{H}$ sind invertierbar; $\mathbb{H}$ ist also ein Schiefkörper.

Aufgabe 35 *Fokalpunkte von Ellipsen und Hyperbeln*

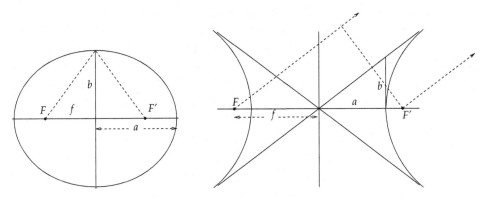

Gegeben seien eine Ellipse und eine Hyperbel mit Halbachsen a und b. Der Abstand der Fokalpunkte vom Mittelpunkt sei f. Zeigen Sie:

(a) $f^2 = a^2 - b^2$ für die Ellipse,

(b) $f^2 = a^2 + b^2$ für die Hyperbel.

Aufgabe 36 *Leitgeraden*

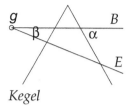

Zeigen Sie, dass auch jede Ellipse und jeder Hyperbel-Ast eine Leitgerade g besitzen: die Schnittgerade der Kegelschnittebene E mit der Ebene B des Berührkreises der Dandelin-Kugel. Allerdings sind hier die Abstände eines Kegelschnitt-Punktes P zum Fokalpunkt F und zur Leitgeraden g nicht gleich, sondern sie stehen nur in einem konstanten Verhältnis: $|P, F|/|P, g| = const$ (unabhängig von P).

Hinweise: Man benutzt wieder, dass der Abstand $|P, F|$ gleich dem Abschnitt der Mantellinie des Kegels zwischen P und der Ebene B des Berührkreises der Dandelin-Kugel mit dem Kegelmantel ist. Die Winkel α und β, die die horizontale Ebene mit den Mantellinien des Kegels einerseits (α) und der Ebene E des Kegelschnitts andererseits (β) einschließen, sind unabhängig von P.

8.4   Differentialgeometrie (Kap. 5)

Aufgabe 37 *Erdumfang nach Eratosthenes*

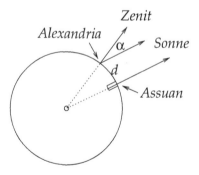

Zur Zeit von *Eratosthenes von Kyrene*, der ca. 275–196 v. Chr. im antiken Wissenschaftszentrum Alexandria in Ägypten lebte, war bekannt, dass es bei Assuan (Syene) einen tiefen Brunnen gab, in den die Sonne am Mittag des 21. Juni jedes Jahres genau vertikal hineinschien, so dass der sonst dunkle Wasserspiegel hell blinkte. Zur selben Stunde bestimmte Eratosthenes 800 km weiter nördlich in Alexandria ($d = 800$ km) den Sonnenstand, indem er die Schattenlänge eines senkrechten Stabes maß, und kam auf ungefähr $\alpha = 7{,}2°$ Abweichung von der Vertikalen. Daraus konnte er die 40 000 km Erdumfang berechnen, nämlich wie? (Es gab natürlich Fehlerquellen: Die Entfernung war nur ungefähr bekannt, und Alexandria liegt nicht genau nördlich von Assuan, sondern auch $3°$ weiter östlich. Können Sie die Größenordnung des letzteren Fehlers abschätzen?)

Aufgabe 38 *Drehflächen*

Gegeben sei eine C^2-Funktion $f : (a, b) \to (0, \infty)$. Zeigen Sie, dass die Abbildung $\varphi : (a, b) \times \mathbb{R} \to \mathbb{R}^3$, $\varphi(s, t) = (f(s) \cos t, f(s) \sin t, s)$ eine Immersion ist, bestimmen Sie die Koeffizienten der Fundamentalformen g und h (also $g_{ss}, g_{st}, g_{tt}, h_{ss}, h_{st}, h_{tt}$), die Hauptkrümmungen sowie die Gaußsche und die mittlere Krümmung. Wann ist φ eine Minimalfläche ($H = 0$)?

Aufgabe 39 *Orthogonale Quadrikenfamilien*

  http://mathworld.wolfram.com/ConfocalQuadrics.html

Gegeben seien reelle Zahlen $a_1 < a_2 < \ldots < a_n$; für $j = 1, \ldots, n$ setzen wir $I_j = (a_{j-1}, a_j)$ mit $a_0 := -\infty$. Für jedes $u \in \bigcup_j I_j$ betrachten wir auf $\mathbb{R}^n$ das quadratische Polynom $q^u(x) = \sum_{i=1}^n \frac{x_i^2}{a_i - u}$ und die zugehörige Quadrik $Q_u = \{x; \ q^u(x) = 1\}$. Zeigen Sie für die Gradienten $\langle \nabla q^u, \nabla q^v \rangle = 4 \frac{q^u - q^v}{u - v}$. Schließen Sie daraus, dass die n Scharen von Quadriken $(Q_u)_{u \in I_j}$ für $j = 1, \ldots, n$ ein orthogonales Hyperflächensystem bilden; beachten Sie, dass der Gradient von q^u senkrecht auf Q_u steht. Skizzieren Sie die Situation für $n = 2$.

8.5   Konforme Geometrie (Kap. 6)

Aufgabe 40 *Mercator-Karte*

  Die Mercator-Karte[7] ist eine winkeltreue Abbildung $\mu : \mathbb{S}^2 \setminus \{\pm N\} \to \mathbb{R}^2 = \mathbb{C}$ (mit $N = e_3 = (0, 0, 1)$) mit folgenden Eigenschaften:

1. Breitenkreise gehen auf Parallelen zur reellen Achse $\mathbb{R}$, Osten ist rechts,
2. Meridiane gehen auf Parallelen zur imaginären Achse $i\mathbb{R}$, Norden ist oben,
3. Der Äquator wird längentreu auf $[-\pi, \pi] \subset \mathbb{R}$ abgebildet.

(Beachten Sie, dass wir vorher die Erdkugel mit Umfang $40\,000\,\mathrm{km}$ auf die Einheitskugel $\mathbb{S}^2$ mit Umfang 2π „geschrumpft" haben.)

---

[7]Siehe z. B. https://kartenprojektionen.de/license/mercator-84:flat-ssw, Gerhard Mercator (Kartograph), 1512 (Rupelmonde, Belgien) – 1594 (Duisburg).

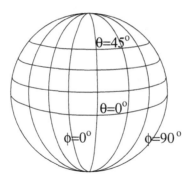

(a) Zeigen Sie, dass der konforme Faktor $\lambda(x) = |d\mu_x(v)|/|v|$ in jedem Punkt $x \in \mathbb{S}^2$ den Wert $1/\cos\theta$ hat, wobei $\theta(x)$ die geographische Breite von $x \in \mathbb{S}^2$ ist ($\theta = 0^o$ am Äquator, $\theta = 90^o$ am Nordpol).

(b) Folgern Sie, dass die Mercator-Karte durch (1)–(3) eindeutig bestimmt ist: Ist $\varphi(x) \in [-\pi, \pi]$ die geographische Länge von x und umgekehrt $x(\varphi, \theta) \in \mathbb{S}^2$ der Punkt mit geographischer Länge φ und Breite θ, dann ist $\mu(x(\varphi, \theta)) = \varphi + i \int_0^\theta (1/\cos(t)) dt \in \mathbb{C}$.

(c) Die Umkehrabbildung von μ ist die Abbildung $\alpha : z \mapsto \Phi(e^{i\bar{z}})$, wobei $\Phi : \mathbb{C} = \mathbb{R}^2 \to \mathbb{S}^2 \setminus \{e_3\}$ die stereographische Projektion ist.

Hinweis: Rechnen Sie nicht! Überlegen Sie einfach, dass die Umkehrabbildung von α die Eigenschaften (1)–(3) erfüllt. Beachten Sie, dass die innere Abbildung antiholomorph, also konform ist und $z = s + it$ in $e^{i\bar{z}} = e^t e^{is}$ überführt; die Koordinatenlinien $\mathbb{R} + it$ und $s + i\mathbb{R}$ gehen also auf den Kreis um 0 mit Radius e^t und auf den radialen Strahl mit Winkel s zur positiven reellen Achse.

Aufgabe 41 *Stereographische Projektion und Inversion*

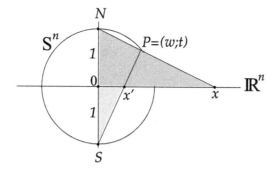

Die analytischen Formeln für die umgekehrte stereographische Projektion $\Psi_+ : \mathbb{S}^n \setminus \{N\} \to \mathbb{R}^n$ vom „Nordpol" $N = e_{n+1}$ aus und deren Umkehrabbildung Φ_+ stehen in (6.8). Entwickeln Sie daraus die entsprechenden Formeln für die umgekehrte stereographische Projektion vom „Südpol" $\Psi_- : \mathbb{S}^n \setminus \{-N\} \to \mathbb{R}^n$. Folgern Sie daraus (a) analytisch und (b)

geometrisch (beachten und begründen Sie die Ähnlichkeit der beiden gefärbten Dreiecke in der Figur), dass $\Psi_- \circ \Phi_+ = F$ die Inversion an der Einheitssphäre in $\mathbb{R}^n$ ist. (Was ist dann $\Psi_+ \circ \Phi_-$?) Somit folgt die Winkel- und Kugeltreue der Inversion auch aus der entsprechenden Eigenschaft für die stereographische Projektion (die wir geometrisch bewiesen hatten).

Aufgabe 42 *Sehnensatz und Inverter*

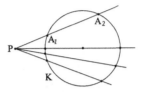

(a) Es sei K eine Kreislinie in der Ebene und P ein Punkt außerhalb. Betrachten Sie alle Geraden g durch P, die K in zwei Punkten schneiden; die Schnittpunkte seien A_1 und A_2. Zeigen Sie, dass das Produkt der Abstände $|P - A_1||P - A_2|$ unabhängig von g ist.
Hinweis: Der Mittelpunkt von K sei 0. Parametrisieren Sie g durch $g(t) = P + tv$ mit $|v| = 1$ und bestimmen Sie die Koeffizienten der quadratischen Gleichung $|g(t)|^2 = r^2$. Das Produkt der beiden Lösungen t_1, t_2 einer quadratischen Gleichung $t^2 + at + b = 0$ ist b (?!).

(b) Zeigen Sie mit Hilfe von (a), dass die in der Figur abgebildete Stangenkonstruktion ein *Inverter* ist, ein mechanisches Gerät, das die Kreisinversion bewerkstelligt, d. h. $0, x, Fx$ sind kollinear und $|x||Fx| = R^2 = const$.

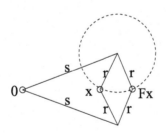

Aufgabe 43 *Verkettung von Kreisinversionen*
Zeigen Sie zunächst, dass die Verkettung von zwei Inversionen an konzentrischen Kreisen in der Ebene $\mathbb{R}^2$ (Sie können den Ursprung O als den gemeinsamen Mittelpunkt wählen) eine zentrische Streckung ist. Diese lässt ja bekanntlich den gemeinsamen Mittelpunkt und die davon ausgehenden radialen Strahlen invariant. Nun betrachten Sie bitte zwei Kreise k_1, k_2, die immer noch ineinander enthalten sind, aber nicht mehr konzentrisch, sondern unterschiedliche Mittelpunkte p_1 und p_2 haben (siehe Figur), und untersuchen Sie die Kom-

position der beiden zugehörigen Inversionen. Zeigen Sie, dass auch diese Verkettung einen Fixpunkt besitzt und dass eine Schar von Kreisen durch diesen Punkt invariant bleibt!

Hinweis: Es gibt einen Kreis k, der k_1 und k_2 und die Gerade $g = p_1 p_2$ senkrecht trifft. Die Schnittpunkte von k mit g seien A und B. Die Inversion an einem beliebigen Kreis mit Mittelpunkt in B überführt k_1 und k_2 wieder in konzentrische Kreise (?!).

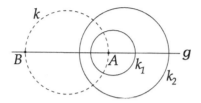

8.6   Sphärische und Hyperbolische Geometrie (Kap. 7)

Aufgabe 44 *Sphärische Dreiecke*

In der euklidischen Ebene ist die Winkelsumme im Dreieck bekanntlich $\pi = 180°$ (siehe die erste Figur in Kap. 1). Für Dreiecke auf der Sphäre vom Radius Eins, deren Kanten Großkreisbögen sind, ist das ganz anders. Die Summe der Innenwinkel ist stets größer als π, und die Differenz $\alpha + \beta + \gamma - \pi$ ist gleich dem Flächeninhalt F des Dreiecks. Zeigen Sie dies mit Hilfe der folgenden Figur:

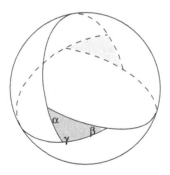

Hinweise: Wir betrachten die drei Nebenzweiecke mit den Winkeln $\pi - \alpha$, $\pi - \beta$, $\pi - \gamma$. Die Großkreisbögen, die die Nebenzweiecke beranden, vereinigen sich wieder in den gegenüberliegenden („antipodischen") Punkten. Die ganze Kugelfläche ist also unterteilt in das Dreieck, die drei Nebenzweiecke und das Bild des Dreiecks unter der Antipodenabbildung $-I$. Der Anteil eines Zweiecks mit Winkel δ an der Gesamtfläche der Kugel ist $\delta/(2\pi)$ (?!). Die Gesamtfläche der Kugel ist 4π nach Archimedes,[8] also hat das Zweieck mit Winkel δ

---

[8] Siehe „Sternstunden der Mathematik" [12], S. 27.

den Flächeninhalt 2δ. Daraus und aus der genannten Zerlegung der Kugelfläche folgt die Behauptung.

Aufgabe 45 *Hyperbolischer Abstand und Doppelverhältnis*
Für $x, y \in \mathbb{R}^{n+1}$ bezeichne

$$\langle x, y \rangle_- = x_1 y_1 + \cdots + x_n y_n - x_{n+1} y_{n+1}$$

das indefinite Skalarprodukt von Lorentz und Minkowski. Gegeben seien zwei linear unabhängige Vektoren

$$v, w \in H := \{x \in \mathbb{R}^{n+1};\ \langle x, x \rangle_- = -1,\ x_{n+1} > 0\}.$$

Diese spannen eine Ebene $E = \mathbb{R}v + \mathbb{R}w$ auf. Der Schnitt von E mit dem Lichtkegel $C = \{x \in \mathbb{R}^{n+1};\ \langle x, x \rangle_- = 0\}$ besteht aus zwei Geraden $l_1 = \mathbb{R}n_1$ und $l_2 = \mathbb{R}n_2$ für zwei linear unabhängige Vektoren $n_1, n_2 \in L \cap E$. Für jedes $x \in \mathbb{R}_*^{n+1}$ sei wieder $[x] = \mathbb{R}_* x \in \mathbb{R}\mathbb{P}^n$ der zugehörige homogene Vektor, und DV bezeichne das Doppelverhältnis:

$$DV([x], [y], [z], [w]) = \frac{z - x}{z - y} : \frac{w - x}{w - y},$$

wobei die Vertreter x, y, z, w auf einer (affinen) Geraden in $\mathbb{R}^{n+1}$ liegen. Zeigen Sie für den hyperbolischen Abstand a zwischen v und w:

$$a = \frac{1}{2} |\log |DV([v], [w], [n_1], [n_2])||.$$

Hinweis: Beide Seiten der Gleichung sind invariant unter allen projektiven Abbildungen, die die Sphäre $\mathbb{S}^{n-1} = \pi(L)$ invariant lassen (?!). Deshalb können wir ohne Einschränkung $v = e_{n+1}$ und $w = (\cosh a)e_{n+1} + (\sinh a)e_1$ annehmen (?!). Wählen Sie die Vertreter auf der Geraden $g = e_{n+1} + \mathbb{R}e_1$ (siehe Figur). Insbesondere ist der Vertreter von $[w]$ auf dieser Geraden der Vektor $\tilde{w} = e_{n+1} + t \cdot e_1$ mit $t = \tanh a = \frac{\sinh a}{\cosh a}$. Nun können Sie das Doppelverhältnis berechnen; beachten Sie $\cosh a = \frac{1}{2}(e^a + e^{-a})$ und $\sinh a = \frac{1}{2}(e^a - e^{-a})$.

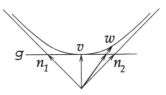

Lösungen

Zusammenfassung

Hier werden die im vorigen Kapitel gestellten Übungsaufgaben weitgehend gelöst. Wir empfehlen unseren Leserinnen und Lesern, die Lösungen erst dann anzusehen, wenn sie sich selbst intensiv mit der Aufgabe beschäftigt haben.

1. (a) Linke Figur: Sonnenrichtung etwas rechts von Mondrichtung (bei Neumond wären Sonnen- und Mondrichtung fast identisch), mittlere Figur: Sonnenrichtung weiter rechts im rechten Winkel zur Mondrichtung, rechte Figur: gerade Linie Sonne – Betrachter – Mond.

   (b) Mittlere Figur: Nachmittag oder Abend vor Sonnenuntergang; da die Sonne um 90 Grad rechts vom Mond steht und beide von links nach rechts ungefähr dieselbe Bahn laufen, ist die Sonne dem Mond voraus, steht also weiter im Westen. Deshalb kann es nicht Vormittag sein. Linke Figur: Tag, rechte Figur: Nacht.

2. (a) $x = w_e x \Rightarrow x \sim x$; $x \sim y \Rightarrow \exists_{g \in G}\ y = w_g x \Rightarrow x = w_{g^{-1}} y \Rightarrow y \sim x$; $x \sim y \sim z$
   $\Rightarrow \exists_{g,h \in G}\ y = w_g x,\ z = w_h y \Rightarrow z = w_h y = w_h w_g x = w_{hg} x \Rightarrow x \sim z$.

   (b) $e \in G_x$ weil $w_e x = x$, $g \in G_x \Rightarrow w_g x = x \Rightarrow x = w_{g^{-1}} x \Rightarrow g^{-1} \in G_x$,
   $g, h \in G_x \Rightarrow w_g x = x = w_h x \Rightarrow w_{gh} x = w_g w_h x = w_g x = x \Rightarrow gh \in G_x$.

   (c) Wohldefiniertheit: $g G_x = h G_x \Rightarrow k := g^{-1} h \in G_x \Rightarrow h = gk$ mit $k \in G_x \Rightarrow$
   $w_h x = w_{gk} x = w_g w_k x = w_g x$. Injektivität: $w_g x = w_h x \Rightarrow x = w_{g^{-1}} w_h x = w_{g^{-1}h} x$
   $\Rightarrow k := g^{-1} h \in G_x \Rightarrow h = gk,\ k \in G_x \Rightarrow h G_x = gk G_x = g G_x$. Surjektivität:
   $y \in Gx \Rightarrow \exists_{g \in G}\ y = w_g x = w^x(g G_x) \Rightarrow y \in$ Bild w^x.

3. Eine Ecke x lässt sich in jede Ecke y drehen. Haben wir zwei solche Drehungen g, h mit $gx = hx = y$, so ist $h^{-1} g x = x$; die Drehung $k := h^{-1} g$ ist also eine Drehung des Würfels, die die Ecke x fest lässt. Eine solche Drehung muss die drei Kanten, die sich in x treffen, ineinander überführen, und dafür gibt es drei Möglichkeiten: Die Identität sowie die Drehungen um $120°$ und um $240°$ in der Ebene senkrecht zu x. Es gibt daher

© Springer Fachmedien Wiesbaden GmbH, ein Teil von Springer Nature 2020
J.-H. Eschenburg, *Geometrie – Anschauung und Begriffe*,
https://doi.org/10.1007/978-3-658-28225-7_9

genau drei Würfeldrehungen, die x in y überführen. Da es 8 Ecken y gibt und x in eine von ihnen überführt werden muss, gibt es $3 \cdot 8 = 24$ Würfeldrehungen.

Die Würfelgruppe G wirkt transitiv auf der Eckenmenge E, also $Gx = E$ für jedes $x \in E$. Nach 2(c) ist $|G/G_x| = |Gx| = |E| = 8$ (mit $|M|$ bezeichnen wir die Anzahl der Elemente einer Menge M). Außerdem haben wir gesehen, dass drei Drehungen die Ecke x fest lassen, also $|G_x| = 3$. Da alle Nebenklassen gG_x dieselbe Anzahl von Elementen haben, nämlich $|gG_x| = |G_x| = 3$, ist $|G| = |G/G_x||G_x| = |E||G_x| = 8 \cdot 3 = 24$.

4. Da zentrische Streckungen die Geraden durch das Zentrum erhalten und jede Gerade in eine Parallele überführen, gibt es eine zentrische Streckung $S_\lambda : x_1 \mapsto x_2, y_2 \mapsto y_1$ und eine andere $S_\mu : x_2 \mapsto x_3, y_3 \mapsto y_2$. Dann ist $x_3 = S_\mu x_2 = S_\mu S_\lambda x_1 = S_{\mu\lambda} x_1$ und $y_1 = S_\lambda y_2 = S_\lambda S_\mu y_3 = S_{\lambda\mu} y_3$. Die Geraden $x_1 y_3$ und $x_3 y_1$ sind parallel genau dann, wenn es eine zentrische Streckung S_α gibt mit $S_\alpha x_1 = x_3$ und $S_\alpha y_3 = y_1$, d. h. S_α hat auf x_1 denselben Wert wie $S_{\mu\lambda}$ und auf y_3 wie $S_{\lambda\mu}$. Da eine zentrische Streckung durch ihren Wert auf einem Punkt außerhalb des Zentrums o bereits bestimmt ist, ist dies äquivalent zu $S_{\lambda\mu} = S_\alpha = S_{\mu\lambda}$, also zu $\lambda\mu = \mu\lambda$.

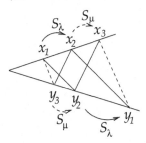

5. Die beiden Dreiecke sind x, y, z und $\lambda x, \lambda y, \lambda z$. Nach der geometrischen Definition von S_λ sind zwei Seitenpaare bereits parallel: $x \vee y \parallel \lambda x \vee \lambda y$ und $x \vee z \parallel \lambda x \vee \lambda z$ (wobei $A \vee B = AB$ die durch zwei Punkte A, B bestimmte Gerade bezeichnet). Die Richtungstreue von S_λ ist die Parallelität des dritten Paares: $y \vee z \parallel \lambda y \vee \lambda z$.

6. Wir müssen zeigen, dass $\mathrm{Aff}(X)$ eine Untergruppe der Gruppe $\mathrm{Bij}(X)$ aller bijektiven Abbildungen auf X ist. $F, G \in \mathrm{Aff}(X)$ mit $Fx = Ax + a$, $Gx = Bx + b \Rightarrow FGx = A(Bx + b) + a = ABx + Ab + a$, also ist $FG \in \mathrm{Aff}(X)$. Das Einselement von $\mathrm{Bij}(X)$ ist id_X; dieses ist in $\mathrm{Aff}_{(X)}$, denn $\mathrm{id}_X x = Ix + 0$, wobei I die Einheitsmatrix auf X ist. Schließlich ist $FG = \mathrm{id}_X$, falls $ABx = x$ und $Ab + a = 0$, also $B = A^{-1}$ und $b = -A^{-1}a$; die Umkehrabbildung von F ist also die affine Abbildung $Gx = A^{-1}x - A^{-1}a$.

Jedes Paar $(A, a) \in GL(X) \times X$ bestimmt eine affine Abbildung $Fx = Ax + a$, und umgekehrt bestimmt eine affine Abbildung das Paar (A, a), denn $a = F0$ und $Ax = Fx - F0$. Daher haben wir eine bijektive Abbildung $GL(X) \times X \to \mathrm{Aff}(X)$. Der Komposition FG entspricht das Paar $(AB, a + Ab)$; wir können dies als Definition einer Gruppenstruktur auf $GL(X) \times X$ nehmen, die der von $\mathrm{Aff}(X)$ genau entspricht (*semidirektes Produkt*).

7. Es gilt $ns_i + a_i = \sum_j a_j = (n+1)s$, also $s = \frac{n}{n+1}s_i + \frac{1}{n+1}a_i = \lambda a_i + (1-\lambda)s_i$
   mit $\lambda = \frac{1}{n+1}$, daher sind a_i, s, s_i kollinear. Ferner ist $a_i - s = (1-\lambda)(a_i - s_i)$ und
   $s_i - s = \lambda(s_i - a_i)$, also $(a_i - s)/(s_i - s) = \frac{\lambda-1}{\lambda} = 1 - \frac{1}{\lambda} = 1 - (n+1) = -n$.

8. (a) Die Schwerelinie unterteilt die Seite in zwei gleiche Teile. Nehmen wir diese als
   Grundseite der beiden Teildreiecke, so sehen wir die Flächengleichheit, denn auch die
   Höhe (Abstand der Grundseite zum gegenüberliegenden Punkt) ist dieselbe.
   (b) Die Aussage ist falsch: Die Schwerelinie wird vom Schwerpunkt im Verhältnis
   $\frac{2}{3} : \frac{1}{3}$ unterteilt. Eine Parallele zur Grundseite durch den Schwerpunkt unterteilt das
   Dreieck in ein ähnliches (formgleiches) Dreieck, das in den Längen um den Faktor 2/3
   kleiner ist, und ein Trapez. Das kleinere Dreieck entsteht aus dem großen durch eine
   zentrische „Streckung" (besser: Stauchung) um den Faktor 2/3; sein Flächeninhalt ist
   daher das $(2/3)^2$-fache des Gesamtflächeninhalts. Aber $(2/3)^2 = 4/9 < 1/2$.

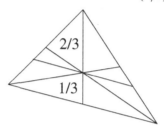

9. (a) Eine Schwerelinie unterteilt die Seite von Δ in zwei gleiche Teile; damit wird nach
   dem Strahlensatz auch jeder dazu parallele Geradenabschnitt innerhalb von Δ in zwei
   gleiche Teile unterteilt, insbesondere die Seite von δ. Die Schwerelinien von Δ sind
   damit auch Schwerelinien von δ, und ihr gemeinsamer Schnittpunkt ist Schwerpunkt
   von δ.
   (b) Die Schwerelinien in Δ verbinden die Eckpunkte von δ und Δ und werden durch
   den Schwerpunkt s im Verhältnis $\frac{1}{3} : \frac{2}{3}$ (vgl. Aufgabe 7), also 1 : 2 unterteilt. Deshalb
   entstehen die Eckpunkte von Δ aus denen von δ durch zentrische Streckung S mit
   Zentrum s und Streckungsfaktor -2.
   (c) Eine Höhe auf einer Seite von δ schneidet die gegenüberliegende Seite von Δ senkrecht und in der Mitte, ist also eine Mittelsenkrechte. Daher ist der Höhenschnittpunkt
   h von δ der Schnittpunkt M der Mittelsenkrechten (Umkreismittelpunkt) von Δ.
   (d) Die zentrische Streckung S von (b) bildet δ auf Δ ab und deshalb auch den
   Umkreismittelpunkt m von δ auf den Umkreismittelpunkt $M = h$ von Δ. Der gemeinsame Schwerpunkt s bleibt fest. Wir wählen s als Ursprung: $s = 0$. Dann gilt
   $h = S(m)$, also $h = -2m$, und h, s, m liegen auf einer gemeinsamen Geraden mit
   $(m - s)/(h - s) = -2$.

10. (b) Die drei Unterteilungspunkte auf der Oktaederseite $e_1 e_2 e_3$ sind $p_1 = \varphi e_1 + \varphi^2 e_2 = (\varphi, \varphi^2, 0)$, $p_2 = \varphi e_2 + \varphi^2 e_3 = (0, \varphi, \varphi^2)$, $p_3 = \varphi e_3 + \varphi^2 e_1 = (\varphi^2, 0, \varphi)$. Dann ist
    $p_1 - p_2 = \varphi(1, \varphi - 1, -\varphi)$. Mit $1 - \varphi = \varphi^2$ folgt $|p_1 - p_2|^2 = \varphi^2(1 + (\varphi - 1)^2 + \varphi^2)$

$= \varphi^2(2-2\varphi+2\varphi^2) = \varphi^2 \cdot 4\varphi^2$ und somit $|p_1-p_2| = 2\varphi^2$. Ein zu p_1 benachbarter Punkt auf einer anderen Oktaederseite ist $p_4 = \varphi e_1 - \varphi^2 e_2 = (\varphi, -\varphi^2, 0)$, und $p_1 - p_4 = (0, 2\varphi^2, 0)$ hat offensichtlich ebenfalls die Länge $2\varphi^2$.

11. Die vertikalen Kanten werden als vertikale Geraden abgebildet. Die untere und obere Kante der Giebelfront (bis zum Dachansatz) müssen beide schräg nach oben verlaufen und sich oberhalb des Daches in einem Punkt P treffen, damit das Haus von oben gesehen wird (Vogelperspektive). Der Horizont der waagerechten Ebenen (z. B. Fußbodenebene) ist die waagerechte Gerade h durch P, der Horizont der Giebelfrontebene ist die Vertikale v durch P. Die Fluchtlinien der rechten Seitenwand (Verlängerungen der Ober- und der Unterkante) müssen sich ebenfalls auf dem waagerechten Horizont h treffen, in einem Punkt $Q \in h$. Der Horizont der Seitenwandebene ist die vertikale Gerade w durch Q. Nun kann man leicht die Zeichnung zu dem Quader, der den unteren Teil des Hauses (ohne Dach) darstellt, ergänzen. Da die Giebelfront quadratisch ist, haben ihre Diagonalen in der Realität 45° Steigung und sind damit parallel zu den Dachschrägen. Man zeichne daher die beiden Diagonalen der Giebelseite (bestimmt durch deren Eckpunkte) sowie ihre Schnittpunkte R, S mit dem vertikalen Horizont v. Diese Punkte verbindet man mit den oberen beiden Punkten des Giebelfront-Vierecks und erhält die vorderen Dachschrägen. Die hinteren sind zu den vorderen parallel; im Bild verbinden sie die Fernpunkte R und S mit den oberen Ecken des hinteren Giebelfront-Vierecks. Der Dachfirst verbindet die Schnittpunkte der vorderen und hinteren Dachkanten; er muss von selbst auf den Punkt Q des waagerechten Horizonts zulaufen. Zuletzt sind noch die Horizonte der beiden Dachebenen einzuzeichnen; es sind dies die Geraden RQ und SQ.

12. Das Projektionszentrum ist $Z = (0, 1, 1)$. Der Urbildpunkt sei $P = (x, y, 0)$. Die Projektionsgerade $p = PZ$ wird also parametrisiert durch $p(t) = P + t(Z - P) = (x, y, 0) + t(-x, 1 - y, 1) = (x - tx, y + t(1 - y), t)$. Der Bildpunkt ist der Schnittpunkt von p mit der xz-Ebene, in dem also die y-Koordinate verschwindet. Demnach ist t so zu wählen, dass $y + t(1 - y) = 0$, also $t = \frac{y}{y-1}$ und $t - 1 = \frac{1}{y-1}$. Der Bildpunkt $P' = (x', 0, z') = p(\frac{y}{y-1})$ hat daher die Koordinaten $x' = x(1 - t) = -\frac{x}{y-1}$ und $z' = t = \frac{y}{y-1}$. Umkehrung: $(y - 1)z' = y \Rightarrow y(z'-1) = z' \Rightarrow y = \frac{z'}{z'-1}$ und $x = -x'(y-1) = -\frac{x'}{z'-1}$. Ist jetzt eine Schar paralleler Geraden $ax + by = s$ gegeben ($a, b \in \mathbb{R}$ fest, $s \in \mathbb{R}$ der variable Parameter), so erhalten wir die Gleichung der Bildgeraden durch Substitution von $x = -\frac{x'}{z'-1}$ und $y = \frac{z'}{z'-1}$, also $-ax' + bz' = s(z' - 1)$ und damit $-ax' + (b - s)z' = -s$. Der Schnittpunkt $(x', 0, z')$ aller Bildgeraden erfüllt diese Gleichung für alle s gleichzeitig; das ist nur möglich, wenn die s-Terme wegfallen, was genau für $z' = 1$ der Fall ist; wir erhalten dann $-ax' + b = 0$ und damit $x' = \frac{b}{a}$. Die Bildgeraden schneiden sich also im Punkt $(\frac{b}{a}, 0, 1)$ (Fluchtpunkt). Der Horizont, der alle Fluchtpunkte enthält, ist die Gerade $\{(x', 0, 1); \ x' \in \mathbb{R}\}$.

13. Der Horizont aller „horizontalen" Ebenen ist die Gerade EF, der Blickpunkt des Betrachters ist H. Die Punkte E, 0, F weichen von der Blickrichtung jeweils um $45°$ ab. Der Tisch und der Stuhl sind trickreich so gestellt, dass die Kanten des Stuhls (teilweise verdeckt, aber an der Position der Stuhlbeine ablesbar) parallel zu den Diagonalen der Tischplatte sind, denn ihre Fluchtlinien schneiden sich in den Horizontpunkten E und F. Wir dürfen davon ausgehen, dass die Stuhlkanten sich im rechten Winkel schneiden. Damit schneiden sich die Diagonalen der Tischplatte ebenfalls im rechten Winkel. Die Tischplatte ist nach Voraussetzung ein Rechteck. Wenn sich dessen Diagonalen rechtwinklig schneiden, ist dieses Rechteck ein Quadrat.

Die wahren Winkel sehen wir, wenn wir die horizontale Ebene um $90°$ um den Horizont EF herum in die Bildebene klappen, die unverzerrt wiedergegeben wird (auf jeder zur Bildebene parallelen Ebene ist die Zentralprojektion ja eine zentrische Streckung).

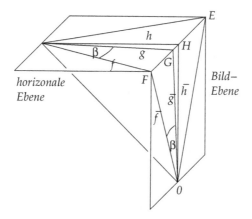

Die Stuhlkanten e und f werden dabei zu den Geraden $\bar{e}$ und $\bar{f}$, die sich im Punkt 0 im richtigen $90°$-Winkel treffen, und auch die geklappte Tischkante $\bar{h}$ und die geklappte Diagonale $\bar{e}$ treffen sich im richtigen Winkel $45°$. Ebenso treffen sich die geklappten Versionen der Stuhlkante und -diagonale, $\bar{f}$ und $\bar{g}$, unter dem „wahren" Winkel β. Der Winkel hat sich durch die Drehung der Ebene nicht verändert, und in der vertikalen Bildebene können wir ihn unverzerrt sehen. Die räumliche Zeichnung verdeutlicht die Situation.

14. (a) A hat unrecht. Zwar kommt eine projektive Abbildung F von $\mathbb{RP}^2$ von einer linearen Abbildung A auf $\mathbb{R}^3$ her, $F[x] = [Ax]$, und A ist in der Tat durch die Bilder von drei Basisvektoren, die Vektoren Ab_1, Ab_2, Ab_3, festgelegt, aber die drei Punkte $[a_i] = F[b_i] = [Ab_i] \in \mathbb{RP}^2$ legen Ab_i nur bis auf skalare Vielfache fest. Wir wissen also nur $Ab_i = \lambda_i a_i$ mit unbekannten Skalaren $\lambda_i \in \mathbb{R}$. Dadurch ist $F = [A]$ noch nicht bestimmt. Zwar ist es auch wahr, dass eine Ebene im Raum durch drei Punkte festgelegt wird, aber hier geht es nicht um die Lage einer Ebene im Raum, sondern um eine projektive Abbildung der Ebene auf sich; das ist etwas anderes.

C hat nur teilweise recht; in der Tat ist das Bild eines Quadrats unter einer perspektivischen Abbildung (Foto) immer ein konvexes Viereck. Aber wir machen ja immer nur ein Foto in eine bestimmte Richtung, bilden also nur eine Halbebene oder einen Halbraum ab. Wenn wir mit der Zentralprojektion die ganze Ebene abbilden (also auch den Bereich „hinter dem Fotografen"), finden wir leicht Quadrate, deren Bild nicht mehr konvex ist. Konvexe Figuren liegen auf einer Seite ihrer Stützgeraden, aber der Begriff „auf einer Seite" ergibt in der projektiven Ebene keinen Sinn, da sie nicht orientierbar ist (sie enthält ein Möbiusband).

(b) Die gegebenen Eckpunkte des Quadrats sind $[b_3]$, $[b_1]$, $[b_2]$ und $[b_1 + b_2 - b_3]$, die Bildpunkte $[-b_3] = [b_3] = [0, 0, 1]$, $[b_1] = [1, 0, 1]$, $[b_2] = [0, 1, 1]$ und $[b_1 + b_2 + b_3] = [1, 1, 3] = [\frac{1}{3}, \frac{1}{3}, 1]$. Alle vier Bildpunkte liegen in der affinen Ebene $\mathbb{A}^2 = \{[x, y, 1]; \ x, y \in \mathbb{R}\} \cong \mathbb{R}^2$ und bilden dort das Viereck mit den Ecken $(0, 0)$, $(1, 0)$, $(0, 1)$, $(\frac{1}{3}, \frac{1}{3})$; dieses ist nicht konvex. Zu (c) vergleiche man Aufgabe 20.

15. $F = [A]$ mit $A = \begin{pmatrix} a & b \\ c & d \end{pmatrix}$ mit $ad - bc = \det A \neq 0$. Also ist $F[x, 1] = \left[\begin{pmatrix} a & b \\ c & d \end{pmatrix} \begin{pmatrix} x \\ 1 \end{pmatrix} \right] = [ax + b, cx + d] = \left[\frac{ax+b}{cx+d}, 1 \right]$. Dabei sollte man die Konvention $[\infty, 1] = [1, 0]$ vereinbaren.

16. $F = [S] = \mathrm{id} \iff \forall_{v \in V} \exists_{\lambda_v \in \mathbb{K}^*} \ Sv = \lambda_v v$. Für zwei linear unabhängige Vektoren $v, w \in V$ gilt $S(v + w) = Sv + Sw$ und damit $\lambda_v v + \lambda_w w = \lambda_{v+w}(v + w)$, also $(\lambda_v - \lambda_{v+w})v + (\lambda_w - \lambda_{v+w})w = 0$ und somit $\lambda_v = \lambda_{v+w} = \lambda_w$, also $\lambda_v = \lambda_w$. Sind v, w linear abhängig, suchen wir einen von v, w linear unabhängigen Vektor $u \in V$; dann gilt $\lambda_v = \lambda_u = \lambda_w$. Also erhalten wir $Sv = \lambda v$ für ein von v unabhängiges $\lambda \in \mathbb{K}^*$. Umgekehrt ist klar, dass $F = [\lambda I]$ für beliebige $\lambda \in \mathbb{K}^*$ (wobei I die Einheitsmatrix ist) die identische Abbildung auf P_V ist.

17. (a) Es gilt $x^\sigma + y^\sigma = (x + y)^\sigma$ und $(\lambda x)^\sigma = \lambda^\sigma x^\sigma$, da $(x_i)^\sigma + (y_i)^\sigma = (x_i + y_i)^\sigma$ und $(\lambda x_i)^\sigma = \lambda^\sigma (x_i)^\sigma$ für alle Komponenten x_i, $i = 1, \ldots, n$. Daher ist $\hat{\sigma} : \mathbb{K}^n \to \mathbb{K}^n$, $x \mapsto x^\sigma$ für jedes $\sigma \in \mathrm{Aut}\,(\mathbb{K})$ eine semilineare Abbildung. Da $\widehat{\sigma \tau} = \hat{\sigma}\hat{\tau}$ und $\widehat{\mathrm{id}} = \mathrm{id}_{\mathbb{K}^n}$, ist $\sigma \mapsto \hat{\sigma} : \mathrm{Aut}\,(\mathbb{K}) \to \overline{GL}(\mathbb{K}^n)$ ein injektiver Gruppenhomomorphismus (eine Gruppenwirkung von $\mathrm{Aut}\,(\mathbb{K})$ auf $\mathbb{K}^n$ durch semilineare Abbildungen); insbesondere ist $\{\hat{\sigma}; \ \sigma \in \mathrm{Aut}\,(\mathbb{K})\}$ eine Untergruppe von $\overline{GL}(\mathbb{K}^n)$. Ist $\hat{\sigma} \in GL(\mathbb{K}^n)$, d. h. $\hat{\sigma}$ linear, dann ist $\hat{\sigma}(\lambda x) = \lambda^\sigma x^\sigma$, aber auch $\hat{\sigma}(\lambda x) = \lambda \hat{\sigma}(x)$ für alle $x \in \mathbb{K}^n$ und $\lambda \in \mathbb{K}$, also ist $\lambda^\sigma = \lambda$ und damit $\sigma = \mathrm{id}$. Wir werden statt $\hat{\sigma}$ nun wieder σ schreiben und $\sigma \in \mathrm{Aut}\,(\mathbb{K})$ auch als semilineare Abbildung auf $\mathbb{K}^n$ auffassen.

(b) Für eine gegebene semilineare Abbildung S ist $S(\lambda x) = \lambda^\sigma Sx$ für ein $\sigma \in \mathrm{Aut}\,(\mathbb{K})$. Es sei $\tau = \sigma^{-1}$. Dann ist $A := S\tau$ linear, denn $A(\lambda x) = S((\lambda x)^\tau) = S(\lambda^\tau x^\tau) = (\lambda^\tau)^\sigma S(x^\tau) = \lambda A(x)$. Also ist $S = A\sigma$ mit $A \in GL(\mathbb{K}^n)$ und $\sigma \in \mathrm{Aut}\,(\mathbb{K})$. Eindeutigkeit: Ist $S = A\sigma = B\rho$ mit $A, B \in GL(\mathbb{K}^n)$ und $\sigma, \rho \in \mathrm{Aut}\,(\mathbb{K})$, so ist $\rho\sigma^{-1} = B^{-1}A$, somit ist der Automorphismus $\rho\sigma^{-1}$ linear und damit $\rho\sigma^{-1} = \mathrm{id}$ nach (a). Also ist $\rho = \sigma$ und $A = B$.

(c) Für $A, B \in GL(\mathbb{K}^n)$ und $\alpha, \beta \in \mathrm{Aut}\,(\mathbb{K})$ gilt

$$A\alpha B\beta = A\alpha B\alpha^{-1}\alpha\beta = AB^{\alpha}\alpha\beta$$

mit $B^{\alpha} := \alpha B\alpha^{-1}$. Die Matrix von B^{α} entsteht, indem auf alle Matrixkoeffizienten von B der Automorphismus α angewandt wird, denn die i-te Spalte von B^{α} ist $B^{\alpha}e_i = \alpha(B(\alpha^{-1}e_i)) = \alpha(Be_i)$, also α auf jede Komponente der i-ten Spalte von B angewandt. Das Produkt ist also gleich dem im semidirekten Produkt von $GL(\mathbb{K}^n)$ und $\mathrm{Aut}(\mathbb{K})$,

$$(A,\alpha)\cdot(B,\beta) = (AB^{\alpha},\alpha\beta).$$

18. Induktionsanfang $k = 1$ ist klar nach Definition einer Kollineation. Wir wollen die Behauptung für einen k-dimensionalen Unterraum $P' \subset P$ mit $k \geq 2$ beweisen. Wir können P' durch einen $(k-1)$-dimensionalen Unterraum $P'' \subset P$ sowie eine dazu transversale Gerade $g \subset P'$ aufspannen: $P' = P'' \vee g$, d. h. die Punkte von P' liegen auf den Verbindungsgeraden zwischen Punkten von P'' und von g. Der Schnittpunkt des Unterraums P'' mit der Geraden g sei der Punkt $s \in P'$. Nach Induktionsvoraussetzung und wegen der Kollineationseigenschaft ist auch $F(P'')$ ein $(k-1)$-dimensionaler Unterraum und $F(g)$ eine Gerade, die den Unterraum $F(P'')$ im Punkt $F(s)$ schneidet. Wir zeigen nun $F(P') \subset F(P'') \vee F(g)$. Es sei also $p \in P'$; wir müssen $F(p) \in F(P'') \vee F(g)$ zeigen. Wenn $p \in P''$ oder $p \in g$, ist das klar. Andernfalls verbinden wir p mit einem Punkt $q \in g$ durch eine Gerade h. Da diese in P' liegt, schneidet sie die Hyperebene $P'' \subset P'$ in einem Punkt r. Das Bild $F(h)$ ist eine Gerade durch die Punkte $F(q) \in F(g)$ und $F(r) \in F(P'')$, liegt also in $F(g) \vee F(P'')$, und also ist $F(p) \in F(h) \subset F(P'') \vee F(g)$. Für die Kollineation F^{-1} zeigen wir ebenso $F^{-1}(F(P'') \vee F(g)) \subset P'' \vee g = P'$, und damit folgt die andere Inklusion $F(P'') \vee F(g) \subset F(P')$, also die Gleichheit. Das Bild von P' ist somit ein k-dimensionaler Unterraum, nämlich $F(P'') \vee F(g)$.

19. Die Gleichungen $x^2 \pm y^2 - 1 = 0$ werden homogenisiert zu $x^2 \pm y^2 - z^2 = 0$, und $y - x^2 = 0$ wird $yz - x^2 = 0$. Die erste Gleichung $x^2 + y^2 - z^2 = 0$ geht durch Vertauschen der x- und der z-Koordinate, d. h. durch die lineare Substitution (Variablenersetzung) $x = \tilde{z}$, $y = \tilde{y}$, $z = \tilde{x}$, in die Gleichung $\tilde{z}^2 + \tilde{y}^2 - \tilde{x}^2 = 0$ über, also zu $\tilde{x}^2 - \tilde{y}^2 - \tilde{z}^2 = 0$; dies entspricht der zweiten Gleichung. Auf die dritte Gleichung $yz - x^2 = 0$ wenden wir die lineare Substitution $y = \tilde{z} + \tilde{y}$, $z = \tilde{z} - \tilde{y}$, $x = \tilde{x}$ an und erhalten $\tilde{z}^2 - \tilde{y}^2 - \tilde{x}^2 = 0$ oder $\tilde{x}^2 + \tilde{y}^2 - \tilde{z}^2 = 0$, was der ersten Gleichung entspricht.

20. Aus $F[e_i] = [a_i]$ und $F[e] = [a]$ ergibt sich $Ae_i = \lambda_i a_i$ und $Ae = \lambda a$ mit $\lambda_i, \lambda \in \mathbb{K}^*$. Da wir A durch einen skalaren Faktor abändern können, ohne $F = [A]$ zu verändern, können wir $\lambda = 1$ wählen. Aus $Ae = a$ lassen sich die λ_i berechnen: Einerseits ist $a_1, \ldots, a_{n+1}$ eine Basis und daher $a = \sum_i \alpha_i a_i$, wobei die $\alpha_i \in \mathbb{K}^*$ als bekannt gelten, da a und a_i bekannt sind. (Kein α_i kann null sein, sonst wäre a bereits von n der a_i linear abhängig, im Widerspruch zur Annahme.) Andererseits ist $Ae = \sum_i Ae_i = \sum_i \lambda_i a_i$. Aus $Ae = a$ folgt also $\sum_i \lambda_i a_i = \sum_i \alpha_i a_i$ und damit $\lambda_i = \alpha_i$ (die Vektoren $a_1, \ldots, a_{n+1}$ sind ja linear unabhängig). Damit ist A bestimmt.

21. Die Homogenisierung der Hyperbelgleichung $x^2 - y^2 = 1$ ist $x^2 - y^2 - z^2 = 0$. Der affine Teil $z = 1$ ist die affine Hyperbel $x^2 - y^2 = 1$. Die projektive Kurve $\{[x, y, z]; \ x^2 - y^2 - z^2 = 0\}$ schneidet aber auch die Ferngerade $z = 0$, nämlich in den beiden Punkten $x = y, z = 0$ und $x = -y, z = 0$. Diese Punkte entsprechen den beiden Asymptoten $x = y$ und $x = -y$. Geometrisch gesehen beschreibt $x^2 - y^2 - z^2 = 0$ einen Kegel im Raum, dessen Achse die x-Achse ist. Er besteht aus einem Bündel von Geraden durch O, den Erzeugenden oder Mantellinien, die bis auf zwei Ausnahmen alle die affine Ebene $z = 1$ schneiden, und zwar in den Punkten der affinen Hyperbel $x^2 - y^2 = 1, z = 1$. Die Ausnahmen sind die beiden Erzeugenden, die ganz in der xy-Ebene $z = 0$ verlaufen: die Geraden $x = y, z = 0$ und $x = -y, z = 0$.

Man kann dies auch in der Ebene selbst sehen, ohne in den Raum zu gehen: Die Verbindungsgeraden von einem beliebigen festen Punkt (z. B. dem Mittelpunkt) zu den Punkten P der Hyperbel streben gegen eine (Parallele zu einer) Asymptote, wenn wir den Punkt P auf einem Hyperbel-Ast ins Unendliche laufen lassen. Dies zeigt ebenfalls, dass der zugehörige Fernpunkt, die Parallelenklasse der Asymptote, im projektiven Abschluss der Kurve liegen muss, siehe Fußnote 5 in Abschn. 3.2.

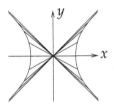

22. Die Quadrik ist projektiv äquivalent zum einschaligen Hyperboloid, denn die Normalform der definierenden quadratischen Form enthält zwei Minuszeichen und zwei Pluszeichen. Das sehen wir z. B. durch simultane Zeilen- und Spaltentransformation:

$$
\begin{array}{cccc|cccc|cccc|cccc}
1 & 2 & 0 & 3 & 1 & 0 & 0 & 0 & 1 & 0 & 0 & 0 & 1 & 0 & 0 & 0 \\
2 & 2 & 0 & 4 & 0 & -2 & 0 & -2 & 0 & -2 & 0 & 0 & 0 & -2 & 0 & 0 \\
0 & 0 & 1 & -1 & 0 & 0 & 1 & -1 & 0 & 0 & 1 & -1 & 0 & 0 & 1 & 0 \\
3 & 4 & -1 & 4 & 0 & -2 & -1 & -5 & 0 & 0 & -1 & -3 & 0 & 0 & 0 & -4
\end{array}
$$

23. Die Quadrik ist $Q = \{[x]; \ x \in \mathbb{R}^4, \ q(x) = 0\}$ mit $q(x) = q(s, t, u, v) = st - uv$. Die Tangentialebene ist $T_{[x]}Q = \{[y]; \ \beta(x, y) = 0\}$, wobei β die zur quadratischen Form q gehörige Bilinearform ist: $2\beta(x, y) = q(x + y) - q(x) - q(y)$ (Polarisierung). Eine Gerade $g \subset Q$ durch einen Punkt $[x] \in Q$ liegt damit auch in $T_{[x]}Q$: Für alle $[y] \in g$ ist auch $[x + y] \in g$ (da $g = \pi(E)$ für einen zweidimensionalen Untervektorraum E, der x, y und somit auch $x + y$ enthält). Also sind $[x], [y], [x + y] \in g \subset Q$, und damit ist $q(x) = q(y) = q(x + y) = 0$, also $\beta(x, y) = 0$, also $[y] \in T_{[x]}Q$.

24. Die vormals parallelen Geraden in der Figur von Aufgabe 4 müssen sich jetzt in Punkten treffen, die auf einer gemeinsamen Geraden liegen.

25. *Pappos:* Gegeben sechs Punkte $A, \ldots, F$, die abwechselnd auf zwei Geraden a und b liegen. Mit XY werde die Verbindungsgerade von zwei Punkten X, Y bezeichnet. Dann liegen die Punkte $AB \wedge DE$, $BC \wedge EF$, $CD \wedge FA$ auf einer gemeinsamen Geraden c. *Dualer Satz:* Gegeben sechs Geraden $a, \ldots, f$, die abwechselnd durch zwei Punkte A und B gehen. Mit xy werde der Schnittpunkt von zwei Geraden x, y bezeichnet. Dann gehen die Geraden $ab \vee de$, $bc \vee ef$, $cd \vee fa$ durch einen gemeinsamen Punkt C.

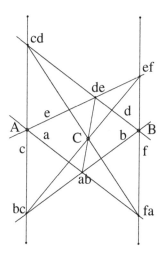

Der Satz von Pappos ist ein Spezialfall des Satzes von Pascal, wenn dort auch ein ausgearteter Kegelschnitt (ein Geradenpaar) zugelassen wird. Der zu Pascal duale Satz ist Brianchon, aber beim Dualisieren verwenden wir, dass der Kegelschnitt nicht ausgeartet ist: Die Tangenten des Kegelschnitts mit symmetrischer Bilinearform β sind dual zu den Punkten des Kegelschnitts mit Bilinearform β^{-1}. Deshalb ist der zu Pappos duale Satz kein Spezialfall von Brianchon, wohl aber ein Grenzfall: Wenn wir bei Brianchon als Kegelschnitt eine sehr schmale Ellipse wählen und die Tangenten so wählen, dass ihre Berührpunkte abwechselnd ganz nahe an den beiden Endpunkten A und B der langen Achse der Ellipse liegen (siehe auch die rechte Figur vor Satz 3.6), dann erhalten wir den dualen Pappos als Grenzfall, wenn nämlich die Ellipse zur Strecke $[A, B]$ entartet und die Berührpunkte der Tangenten immer dichter an A und B heranrücken. Allerdings ist die Strecke selbst keine Lösungsmenge einer quadratischen Gleichung, im Gegensatz zu dem Geradenpaar bei Pappos.

26. Die Polare zu einem Punkt $[x]$ besteht aus den homogenen Vektoren $[y]$, die zu x senkrecht sind bezüglich der gegebenen symmetrischen Bilinearform β, also $\beta(x, y) = 0$. Ist $Q = \{[x]; \ \beta(x, x) = 0\}$ der zugehörige Kegelschnitt, so ist die Tangente im Punkt $[x] \in Q$ die Gerade

$$T_{[x]}Q = \{[y]; \ \beta(x, y) = 0\}$$

und ist damit die Polare zu x. Das erklärt das mittlere Bild. Liegt $p = [y]$ außerhalb des Kegelschnitts im Schnittpunkt zweier Tangenten $T_{[x]}Q$ und $T_{[x']}Q$, dann gilt $\beta(x, y) = \beta(x', y) = 0$ und somit auch $\beta(x'', y) = 0$ für alle x'' in dem von x und x' aufgespannten linearen Unterraum. Die Gerade $g = [x] \vee [x']$ ist deshalb die Polare zu $p = [y]$, womit das linke Bild erklärt ist. Liegt p im Inneren des Kegelschnitts, so suchen wir zwei Punkte p_1, p_2 außerhalb, deren Polaren g_1, g_2 sich in p schneiden. Damit ist p β-senkrecht zu p_1 und p_2 und damit zu allen Punkten von $g = p_1 \vee p_2$, also ist g die Polare zu p. Das erklärt das rechte Bild.

27. Dass projektive Abbildungen das Doppelverhältnis invariant lassen, wissen wir schon: Wir wählen für die vier homogenen Vektoren ja stets solche Repräsentanten, die auf einer gemeinsamen Geraden im Vektorraum liegen, und lineare Abbildungen des Vektorraums erhalten Geraden sowie die Verhältnisse von je drei Punkten auf der Geraden, also auch deren Quotienten. Zu zeigen ist die Umkehrung. Gegeben sei also eine bijektive Abbildung $F : \mathbb{P}^1 \to \mathbb{P}^1$, die das Doppelverhältnis invariant lässt. Die drei Punkte $0, 1, \infty \in \hat{\mathbb{K}} = \mathbb{P}^1$ werden durch F^{-1} auf irgendwelche Punkte $a, b, c \in \hat{\mathbb{K}}$ abgebildet: $F(a) = 0$, $F(b) = 1$, $F(c) = \infty$. Für jedes $y \in \mathbb{K}$ ist $DV(y, 1, 0, \infty) = \frac{y-0}{1-0} \cdot \frac{1-\infty}{y-\infty} = y$. Damit ist $F(x) = DV(F(x), 1, 0, \infty) = DV(F(x), F(b), F(a), F(c)) = DV(x, b, a, c) = \frac{x-a}{b-a} \cdot \frac{b-c}{x-c} = \frac{x(b-c)-a(b-c)}{(b-a)x-(b-a)c}$. Also ist F eine gebrochen-lineare Funktion und damit projektiv (vgl. Aufgabe 15).

Ein alternativer Beweis ist, zu $H = FG$ überzugehen, wobei G die projektive Abbildung ist, die $0, 1, \infty$ auf a, b, c abbildet. Dann lässt H die Punkte $0, 1, \infty$ fest und erhält das Doppelverhältnis, und da $DV(x, 1, 0, \infty) = x$, ist $H(x) = x$ für alle x, also $F = G^{-1}$.

28. (a): Die Diagonalen sind aus Symmetriegründen parallel zu den Seiten: Da Seiten und Diagonalen unter den Spiegelungen des Fünfecks erhalten bleiben, stehen sie beide senkrecht auf einer Symmetrieachse, denn ihre Endpunkte werden durch die Spiegelung vertauscht. Die Seiten der beiden schraffierten Dreiecke sind also parallel, deshalb sind die Winkel gleich.

29. Das Viereck $abde$ ist ein Parallelogramm, sogar eine Raute (ein Rhombus): Alle vier Seiten sind gleich lang, nämlich gleich dem Radius, der für alle Kreise gleich ist und den wir $= 1$ setzen. Deshalb liegen die Punkte e, d, f auf einer gemeinsamen Horizontalen senkrecht zur Vertikalen dc. Damit ist edg ein gleichschenkliges rechtwinkliges Dreieck und die Gerade $eg = ei$ hat Steigung $45°$. Die x- und y-Koordinaten des Differenzvektors $i - e$ müssten demnach gleich sein.

Andererseits können wir diese Komponenten berechnen unter der Annahme, dass die Konstruktion ein reguläres Fünfeck mit Seitenlänge 1 ergibt. Die Diagonale hat dann die Länge Φ, und $(i - e)_x = |i - c| + |d - e| = \frac{\Phi}{2} + 1 \approx 1{,}809$. Für die y-Komponente müssen wir zunächst die Höhe h der horizontalen Diagonale über der Grundseite des Fünfecks bestimmen.

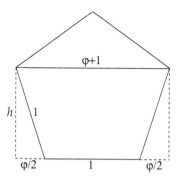

Damit ist $h^2 = \frac{1}{4}(4 - \varphi^2) = \frac{1}{4}(3 + \varphi)$ (mit $\varphi^2 = 1 - \varphi$). Dazu kommt noch die Höhe des gleichseitigen Dreiecks abd mit Seitenlänge 1; diese ist $\sqrt{3}/2$. Somit ist $(i - e)_y = (i - b)_y + (a - d)_y = \frac{1}{2}(\sqrt{3 + \varphi} + \sqrt{3}) \approx 1{,}817 \neq 1{,}809 = (i - e)_x$. Aber auch ohne weitere Rechnung sieht man die Verschiedenheit der beiden Zahlen, denn $(i - e)_y$ enthält $\sqrt{3}$, $(i - e)_x$ aber nicht (die verschiedenen Quadratwurzeln sind rational linear unabhängig). Dürers Konstruktion ist also nur eine (ziemlich gute) Approximation an eine Fünfeckkonstruktion.

30. Nach Pythagoras ist $|A - B|^2 = \frac{1}{4} + 1 = \frac{5}{4}$, und damit ist $|C - M| = \frac{1}{2}(\sqrt{5} - 1) = \frac{1}{\Phi} = \varphi$, und für die gesuchte Seite ergibt sich

$$s = |C - A| = \sqrt{1 + \varphi^2} = \sqrt{2 - \varphi}.$$

Zu zeigen ist, dass das die Seitenlänge des Fünfecks im Einheitskreis ist. Die beiden gefärbten rechtwinkligen Dreiecke sind ähnlich, weil sie beide einen Winkel von $36°$ haben. Das entnimmt man aus der linken Figur, die zeigt, dass die drei Winkel, die sich zum Innenwinkel $108°$ des Fünfecks addieren, gleich sind, also $36°$. Es folgt auch aus dem allgemeineren Fasskreissatz (Peripheriewinkelsatz), $2(\alpha + \beta) = \gamma$ in der rechten Figur; in unserem Fall ist $\gamma = 360°/5 = 72°$.

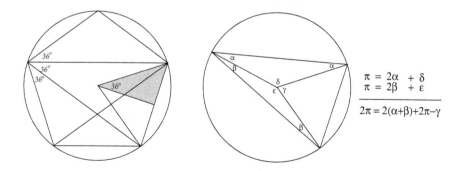

Der Rest des Arguments ist wie angegeben: Aus dem rechten gefärbten Dreieck entnimmt man mit Pythagoras: $(s/2)^2 = 1 - (\Phi/2)^2 = \frac{1}{4}(4 - (\varphi+1)^2) = \frac{1}{4}(3 - \varphi^2 - 2\varphi) = \frac{1}{4}(3 - (1 - \varphi) - 2\varphi) = \frac{1}{4}(2 - \varphi)$.

31. Das n-dimensionale Simplex Σ mit den Ecken $e_1, \ldots, e_{n+1} \in \mathbb{R}^{n+1}$ liegt in der Hyperebene $H = \{x \in \mathbb{R}^{n+1}; \langle x, d \rangle = 1\} = e_1 + d^\perp$ mit $d = (1, \ldots, 1)$. Die Normalenvektoren der Seiten, deren Winkel wir suchen, müssen daher in $d^\perp$ liegen. Auf der Seite Σ_i mit den Eckpunkten $e_1, \ldots, e_{i-1}, e_{i+1}, \ldots, e_{n+1}$ steht der Vektor e_i senkrecht; seine Komponente in $d^\perp$ ist $v_i = e_i - \frac{\langle e_i, d \rangle}{\langle d, d \rangle} d = e_i - \frac{1}{n+1} d = \frac{1}{n+1}(-1, \ldots, n, \ldots, -1)$ und folglich $|v_i|^2 = (n^2 + n)/(n+1)^2 = n/(n+1)$. Für den Winkel β_n zwischen zwei Normalen, z.B. v_1 und v_2, ergibt sich $\cos \beta_n = \frac{\langle v_1, v_2 \rangle}{|v_1||v_2|}$; für den Winkel $\alpha_n = 180° - \beta_n$ zwischen den Hyperebenen *(Diederwinkel)* gilt daher $\cos \alpha_n = -\cos \beta_n = -\frac{1}{n(n+1)} \langle (n, -1, -1, \ldots), (-1, n, -1, \ldots) \rangle = -\frac{-2n+n-1}{n(n+1)} = \frac{1}{n}$, also $\alpha_2 = 60°$, $\alpha_3 \approx 70,5°$, $\alpha_4 \approx 75,5°$ und $\alpha_n \nearrow 90°$ für $n \to \infty$. Bei einem 4-dimensionalen platonischen Körper können noch drei, vier oder fünf 3-Simplexe (Tetraeder) an einer 2-dimensionalen Seite angrenzen, denn $5 \cdot 70,5° < 360°$. Ab Dimension $n = 5$ aber können nur noch drei oder vier $(n-1)$-Simplexe an einer $(n-2)$-dimensionalen Seite angrenzen, da $5 \cdot 75,5° > 360°$; die zugehörigen platonischen Körper sind das Simplex und der Kowürfel. Deshalb gibt es ab Dimension 5 nur noch die drei Standardkörper Simplex, Würfel und Kowürfel.

32. Aus Symmetriegründen (?!) genügen die folgenden Rechnungen:

(a) $|(\varphi, \Phi, 0)|^2 = \varphi^2 + \Phi^2 = 1 - \varphi + 1 + \varphi + 1 = 3 = |(1, 1, 1)|^2$.

(b) $|(\varphi, \Phi, 0) - (-\varphi, \Phi, 0)| = 2\varphi$,
$|(\varphi, \Phi, 0) - (1, 1, 1)|^2 = |(\varphi - 1, \Phi - 1, -1)|^2 = |(\varphi - 1, \varphi, -1)|^2 = \varphi^2 - 2\varphi + 1 + \varphi^2 + 1 = 2(\varphi^2 - \varphi + 1) = 4\varphi^2$.

(c) $(\Phi, 0) - (\varphi, \Phi) = (1, -\Phi)$,
$(\Phi, 0) - (1, 1) = (\Phi - 1, -1) = (\varphi, -1) = \varphi(1, -\Phi)$.

(d) Diagonale/Seite $= |(1, 1, 1) - (-1, 1, 1)|/2\varphi = 2/(2\varphi) = \Phi$.

33. (a) Es ist $|2e_i| = 2$ und $|(\pm1, \ldots, \pm1)| = \sqrt{n}$. Nur für $n = 4$ ist $\sqrt{n} = 2$; nur in dieser Dimension können daher die Ecken des Würfels und des Kowürfels zusammengenommen die Ecken eines platonischen Körpers bilden.

(b) Die Kanten von K sind die Würfelkanten sowie die „Verbindungskanten", die Verbindungen zwischen Kowürfelecken und benachbarten Würfelecken. Zu der Kowürfelecke $2e_1$ benachbart sind die Würfelecken $(1, \pm1, \pm1, \pm1)$ (alle anderen haben größeren Abstand), und der Abstand ist

$$|(2, 0, 0, 0) - (1, \pm1, \pm1, \pm1)| = |(1, \pm1, \pm1, \pm1)| = \sqrt{4} = 2.$$

Da auch die Würfelkante $[(1, 1, 1, 1), (-1, 1, 1, 1)]$ Länge 2 hat, sind alle Kanten gleich lang.

(c) Die Spiegelung an der Mittelsenkrechten einer Verbindungskante lässt in der Tat die Menge dieser $16 + 8$ Ecken invariant: Als Beispiel betrachten wir die Kante von $p = (2, 0, 0, 0)$ nach $q = (1, -1, -1, -1)$. Da die Längen dieser beiden Vektoren gleich sind, geht die Mittelsenkrechte der Strecke $[p, q]$ automatisch durch den Ursprung und ist daher die lineare Hyperebene $(p - q)^\perp = d^\perp$ mit $d = (1, 1, 1, 1)$. Die Spiegelung an dieser Hyperebene ist $S_d(x) = x - 2\frac{\langle x, d\rangle}{\langle d, d\rangle} d = x - \frac{1}{2}(\sum_i x_i)d$. Da diese Abbildung mit allen Permutationen der vier Koordinaten und natürlich auch mit $-\mathrm{id}$ vertauschbar ist und diese Abbildungen die Eckenmenge invariant lassen, brauchen wir uns nur noch die Ecken bis auf ein gemeinsames Vorzeichen sowie beliebige Permutationen der Koordinaten anzusehen; es genügt daher, S_d auf die vier Eckpunkte $p = 2e_1$, $d = (1, 1, 1, 1)$, $q' = (1, 1, 1, -1)$, und $q'' = (1, 1, -1, -1)$ anzuwenden. Wir erhalten $S_d(p) = p - d = (1, -1, -1, -1) = q$ (klar, da wir ja an der Mittelsenkrechten von $[p, q]$ gespiegelt haben), $S_d(d) = d - 2d = -d$ (auch klar), $S_d(q') = q' - d = -2e_4$ und $S_d(q'') = q''$ (natürlich, da $q'' \perp d$). Die Eckenmenge ist also invariant unter S_d.

(d) Damit wirkt die Isometriegruppe G von K transitiv auf der Menge der Ecken, der $16 + 8$ Würfel- und Kowürfelecken. Begründung: Die gemeinsame Isometriegruppe von Würfel und Kowürfel wird von den Koordinatenpermutationen und den Vorzeichenwechseln jeder einzelnen Koordinate erzeugt und wirkt auf den beiden Eckenmengen transitiv, und S_d schließlich bildet die Würfelecke $2e_1$ auf die Kowürfelecke $(1, -1, -1, -1)$ ab und verbindet dadurch die beiden Eckenmengen zu einer einzigen Bahn von G. In der Tat können wir alle 24 Seiten-Oktaeder aufeinander abbilden und dabei jedes einzelne Oktaeder noch auf 24 Weisen drehen (Drehgruppe des Oktaeders oder Würfels); die Drehgruppe des 24-Zells hat daher die Ordnung $|G| = 24 \cdot 24$.

34. (b) Es sei $A = \begin{pmatrix} a & c \\ b & d \end{pmatrix} \in SU(2)$. Die beiden Spalten stehen senkrecht aufeinander. Da $\begin{pmatrix} a \\ b \end{pmatrix}^\perp$ eindimensional ist und $\langle \begin{pmatrix} -\bar{b} \\ \bar{a} \end{pmatrix}, \begin{pmatrix} a \\ b \end{pmatrix}\rangle = -ba + ab = 0$, ist $\begin{pmatrix} c \\ d \end{pmatrix} = \lambda \begin{pmatrix} -\bar{b} \\ \bar{a} \end{pmatrix}$ für ein $\lambda \in \mathbb{C}$. Dann ist $1 = \det \begin{pmatrix} a & c \\ b & d \end{pmatrix} = \lambda(a\bar{a} + b\bar{b}) = \lambda$ (denn die erste Spalte $\begin{pmatrix} a \\ b \end{pmatrix}$ hat Länge Eins), also $\lambda = 1$. Die Umkehrung folgt auch; die Form $A = \begin{pmatrix} a & -\bar{b} \\ b & \bar{a} \end{pmatrix}$ mit $|a|^2 + |b|^2 = 1$ ist äquivalent dazu, dass die Spalten von A eine unitäre Basis mit Determinante Eins bilden. Die Teilmenge $\mathbb{H} \subset \mathbb{C}^{2\times 2}$ bildet offensichtlich einen reellen Untervektorraum und auch eine Unteralgebra, denn $\mathbb{H} = \mathbb{R} \cdot SU(2)$, und für $t_1 A_1, t_2 A_2 \in \mathbb{R} \cdot SU(2)$ ist das Produkt $t_1 t_2 A_1 A_2$ wieder in $\mathbb{R} \cdot SU(2)$. Diese Algebra ist nicht kommutativ, denn $SU(2)$ ist nicht kommutativ; z.B. ist $\begin{pmatrix} & i \\ i & \end{pmatrix} \begin{pmatrix} & -1 \\ 1 & \end{pmatrix} = \begin{pmatrix} i & \\ & -i \end{pmatrix} = -\begin{pmatrix} & -1 \\ 1 & \end{pmatrix} \begin{pmatrix} & i \\ i & \end{pmatrix}$. Da jedes Element tA mit $t \neq 0$ das Inverse $t^{-1} A^{-1}$ hat, ist $\mathbb{H} = \mathbb{R} \cdot SU(2)$ ein Schiefkörper.

35. (a) Die Fokalpunkte der Ellipse sind zwei Punkte F, F' auf der langen Achse mit der Eigenschaft, dass $|F - P| + |F' - P| = c = const$ für jeden Punkt P der

Ellipse. Setzen wir für P einen Ellipsenpunkt auf der langen Achse ein, so sehen wir $|F - P| + |F' - P| = 2a$, also $c = 2a$. Setzen wir andererseits für P einen Ellipsenpunkt auf der kurzen Achse ein, so ergibt sich $|F - P| = |F' - P| = c/2 = a$. Das Dreieck (F, O, P) ist dann rechtwinklig, also gilt nach Pythagoras $f^2 = |F|^2 = |F - P|^2 - |P|^2 = a^2 - b^2$.

(b) Die Fokalpunkte F, F' der Hyperbel liegen auf der Achse, die von der Hyperbel geschnitten wird, und sie haben die Eigenschaft, dass $|F - P| - |F' - P| = c = const$ für jeden Punkt P der Hyperbel. Wählen wir für P den Schnitt des rechten Hyperbel-Asts mit der Achse, so ergibt sich $c = 2a$.

Lassen wir andererseits den Punkt P auf diesem Hyperbel-Ast ins Unendliche wandern, so werden die Geraden FP und $F'P$ immer mehr parallel zu einer der Asymptoten (siehe nachstehende Figur, ein Detail aus der rechten Figur in der Aufgabenstellung). Da die Längendifferenz stets $c = 2a$ bleibt, bilden die Parallelen zu einer Asymptote, die durch die beiden Fokalpunkte gehen, zusammen mit ihrer Senkrechten durch einen Fokalpunkt ein rechtwinkliges Dreieck mit Hypotenuse $|F - F'| = 2f$ und einer Kathete der Länge $2a$. Die zweite Kathete muss dann die Länge $2b$ haben, denn das rechtwinklige Dreieck ist ähnlich (gleiche Winkel!) zum Asymptoten-Steigungsdreieck mit den Katheten a und b. Nach Pythagoras ist daher $f^2 = a^2 + b^2$.

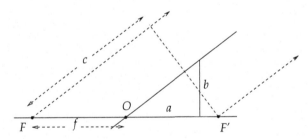

36. Die Höhe von P über (oder unter) der Berührkreisebene B sei h. Die kürzeste Strecke von P zur Leitgeraden $g = E \cap B$ hat den Winkel β mit der Horizontalen, also ist ihre Länge gleich $h/\sin\beta$. Die Mantellinie m des Kegels durch den Punkt P schließt mit der Horizontalen den Winkel α ein, also ist der Abschnitt zwischen P und B auf der Mantellinie gleich $h/\sin\alpha$. Das Verhältnis dieser beiden Strecken ist also

$$(h/\sin\alpha)/(h/\sin\beta) = \sin\beta/\sin\alpha = const.$$

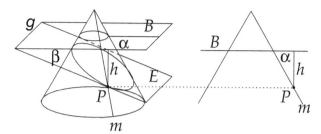

37. 7,2 Grad sind ein Fünfzigstel des Vollwinkels 360°. Den 7,2 Grad entspricht die Entfernung $d = 800$ km, dem Vollwinkel also das Fünfzigfache. Damit ist der volle Erdumfang $50 \cdot 800$ km $= 40\,000$ km.

    Wie viel machen die drei Grad Abweichung vom Meridian aus? Wenn wir vernachlässigen, dass die Breitenkreislänge auf der Höhe 24° von Assuan um den Faktor $\cos 24° = 0,91$ kleiner ist als die Äquatorlänge (was den Fehler kleiner machen würde), dann ist die Diagonale im Rechteck mit Seiten 7,2 und 3 nach Pythagoras gleich 7,8, also um gut 8 % länger als die Seite. Die Entfernungsmessungen der damaligen Zeit auf so große Distanzen waren vermutlich noch stärker fehlerbehaftet.

38. Mit $w := \sqrt{1 + (f')^2}$ ergibt sich $g_{st} = h_{st} = 0$, $g_{ss} = w^2$, $g_{tt} = f^2$, $h_{ss} = -f''/w$, $h_{tt} = f/w$ (bitte nachrechnen!) und daraus $\kappa_1 = -f''/w^3$ und $\kappa_2 = 1/(fw)$. Die Minimalflächengleichung $H = 0$ oder $-\kappa_1 = \kappa_2$ ergibt dann $f'' = w^2/f = (1 + (f')^2)/f$. Dies ist eine *Differentialgleichung*, eine Gleichung zwischen einer gesuchten Funktion f und ihren Ableitungen f', f''. Eine Lösung dieser Gleichung ist $f = \cosh$ mit $f' = \sinh$ und $f'' = \cosh$, denn $(1 + (f')^2)/f = (1 + \sinh^2)/\cosh = \cosh^2 / \cosh = \cosh = f''$. Alle anderen Lösungen entstehen aus dieser durch zentrische Streckungen des Graphen $\{(x, y) \in \mathbb{R}^2;\ y = \cosh x\}$. Der Graph der cosh-Funktion heißt auch *Kettenlinie*, da eine frei hängende Kette aus gleichschweren Gliedern diese Form annimmt; die Drehfläche dieser Kurve heißt deshalb *Katenoid* (von lat. catena = Kette).

39. Quadriken sind Hyperflächen, die wir einmal nicht durch eine Parametrisierung, sondern durch eine Gleichung beschrieben haben. Allgemein gilt für eine C^1-Funktion $f : \mathbb{R}^n_o \to \mathbb{R}$: Die *Niveaumenge*

$$f^{-1}(c) = \{f = c\} = \{x \in \mathbb{R}^n_o;\ f(x) = c\},$$

    die Lösungsmenge der Gleichung $f(x) = c$ für gegebenes $c \in \mathbb{R}$, ist nicht immer eine Hyperfläche. Z.B. für $f : \mathbb{R}^2 \to \mathbb{R}$, $f(x, y) = xy$, ist die Niveaumenge $\{f = 0\}$ das Koordinatenkreuz, die Vereinigung von x- und y-Achse, denn $xy = 0$ $\Longleftrightarrow$ $x = 0$ oder $y = 0$. Das ist aber keine Hyperfläche (reguläre Kurve), denn an der Kreuzung im Ursprung kann die Menge nicht durch eine Hyperebene (Gerade) approximiert werden. Es gibt aber ein hinreichendes Kriterium: Die Niveaumenge $N = \{f = c\}$ ist eine Hyperfläche, wenn die Ableitung oder der *Gradient* von f an keiner Stelle $x \in N$ verschwindet *(impliziter Funktionensatz)*. Für eine Funktion

$f : \mathbb{R}_o^n \to \mathbb{R}$ ist ja die Ableitung df_x an jeder Stelle x eine Linearform, eine lineare Abbildung von $\mathbb{R}^n$ nach $\mathbb{R}$, also als Matrix geschrieben eine Zeile; der *Gradient* ∇f_x ist die zugehörige Spalte: $\nabla f_x = (df_x)^T$; seine Komponenten sind also die partiellen Ableitungen $f_1(x), \ldots, f_n(x)$ (mit $f_i := \partial f / \partial x_i$). Dieser Vektor ∇f_x steht senkrecht auf dem Niveau durch x, denn wenn eine Kurve $x(t)$ ganz in einem Niveau $\{f = c\}$ verläuft, so gilt $f(x(t)) = c$ für alle t und daher $\frac{d}{dt} f(x(t)) = 0$, somit $0 = \frac{d}{dt} f(x(t)) = df_{x(t)} x'(t) = \langle \nabla f_{x(t)}, x'(t) \rangle$, der Gradient steht also senkrecht auf dem Tangentenvektor $x'(t)$ einer beliebigen im Niveau verlaufenden Kurve $x(t)$. Soweit die allgemeine Theorie aus Analysis 2 als Hintergrund.

In unserem Fall ist die definierende Funktion f die quadratische Form $q^u(x) = \sum_i \frac{x_i^2}{a_i - u}$ und die Niveauhyperflächen sind die Quadriken $Q_u = \{q^u = 1\}$. Die i-te partielle Ableitung ist $(q^u)_i(x) = \frac{2x_i}{a_i - u}$ und damit

$$\nabla(q^u)_x = \left(\frac{2x_1}{a_1 - u}, \ldots, \frac{2x_n}{a_n - u} \right)^T \neq 0 \text{ für alle } x \neq 0,$$

insbesondere für alle $x \in Q_u$. Weiterhin ist

$$\langle \nabla(q^u)_x, \nabla(q^v)_x \rangle = 4 \sum_i \frac{x_i^2}{(a_i - u)(a_i - v)},$$

$$q^u(x) - q^v(x) = \sum_i \left(\frac{x_i^2}{a_i - u} - \frac{x_i^2}{a_i - v} \right)$$

$$= \sum_i \frac{x_i^2(u - v)}{(a_i - u)(a_i - v)}$$

$$= (u - v) \sum_i \frac{x_i^2}{(a_i - u)(a_i - v)}.$$

Daraus ergibt sich die gewünschte Gleichung $4(q^u - q^v) = (u - v)\langle \nabla q^u, \nabla q^v \rangle$ für alle $u, v \in \mathbb{R} \setminus \{a_1, \ldots, a_n\}$. Wenn also $x \in Q_u \cap Q_v$ für $u \neq v$, so ist $q^u(x) = q^v(x) = 1$ und damit $\nabla(q^u)_x \perp \nabla(q^v)_x$. Also schneiden sich die Hyperflächen Q_u und Q_v in x orthogonal, denn ∇q^u und ∇q^v sind Normalenvektorfelder auf Q_u und Q_v.

Es bleibt nur zu überlegen, für welche Parameterpaare u, v die zugehörigen Quadriken sich schneiden. Dazu diskutieren wir die Funktion $u \mapsto q^u(x)$ für festes $x \in \mathbb{R}^n$ mit $x_i \neq 0$ für alle $i = 1, \ldots, n$. Sie hat Polstellen bei $a_1, \ldots, a_n$, und sonst ist ihre Ableitung überall positiv: $\frac{\partial}{\partial u} q^u(x) = \sum_i \frac{x_i^2}{(a_i - u)^2} > 0$. Für $u \to \pm\infty$ geht $q^u(x) \to 0$. Im Intervall $I_1 = (-\infty, a_1)$ steigt die Funktion also von 0 bis ∞ streng monoton, und in jedem der Intervalle $I_i = (a_{i-1}, a_i)$ für $i = 2, \ldots, n$ steigt sie streng monoton von $-\infty$ bis ∞. Im Intervall $I_{n+1} = (a_n, \infty)$ steigt sie von $-\infty$ bis 0, ist dort also negativ.

Fazit: In jedem der Intervalle $I_1, \ldots, I_n$ wird der Wert 1 genau einmal angenommen: Es gibt zu jedem solchen x genau ein $u_i \in I_i$ mit $q^{u_i}(x) = 1$, also $x \in Q_{u_i}$. Mit anderen Worten: Durch jeden Punkt $x \in \mathbb{R}_o^n = \{x; \ x_i \neq 0 \ \forall i\}$ geht genau eine Quadrik aus jeder der n Scharen $(Q_u)_{u \in I_i}$, $i = 1, \ldots, n$, und die Normalenvektoren stehen dort senkrecht aufeinander.

Im Fall $n = 2$ haben wir $I_1 = (-\infty, a_1)$ und $I_2 = (a_1, a_2)$. Für jedes $u \in I_1$ sind $a_1 - u$ und $a_2 - u$ beide positiv, und der Kegelschnitt $Q_u = \{(x, y) \in \mathbb{R}^2; \ \frac{x^2}{a_1-u} + \frac{y^2}{a_2-u} = 1\}$ ist eine Ellipse mit kurzer Halbachse $b = \sqrt{a_1 - u}$ und langer Halbachse $a = \sqrt{a_2 - u}$. Nach Aufgabe 35 haben alle diese Ellipsen die gleichen Fokalpunkte, denn $f^2 = a^2 - b^2 = a_2 - a_1$ ist unabhängig von u. Die Ellipsen haben also alle die gleichen Brennpunkte; sie sind *konfokal*. Wenn $u \in I_2$, dann ist $a_1 - u < 0 < a_2 - u$, also ist $Q_u = \{-\frac{x^2}{u-a_1} + \frac{y^2}{a_2-u} = 1\}$ eine nach oben und unten sich öffnende Hyperbel mit Halbachsen $a = \sqrt{u - a_1}$ und $b = \sqrt{a_2 - u}$. Der Abstand f der Fokalpunkte vom Mittelpunkt ist nach Aufgabe 35 von u unabhängig, denn $f^2 = a^2 + b^2 = u - a_1 + a_2 - u = a_2 - a_1$. Die Hyperbeln haben also alle die gleichen Fokalpunkte und zwar die gleichen wie die Ellipsen. Ellipsen und Hyperbeln schneiden sich zudem senkrecht, wie wir für beliebiges n gezeigt haben (linke Figur).

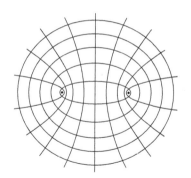 

Im Fall $n = 3$ hat man drei orthogonale Flächenscharen: Ellipsoide sowie ein- und zweischalige Hyperboloide (rechte Figur).[1]

40. (a) Der Streckungsfaktor (konformer Faktor) $|d\mu_x(v)|/|v|$ einer konformen Abbildung ist nur vom Punkt x, nicht von der Richtung v abhängig. Wir können ihn also z. B. für $v = \partial x(\varphi, \theta)/\partial \varphi$ berechnen. Da der Breitenkreis der geographischen Breite θ gegenüber dem Äquator um den Faktor $\cos \theta$ verkürzt wird, ist $|v| = \cos \theta$ und $|d\mu_x v| = 1$, weil $\varphi \mapsto \mu(x(\varphi, \theta))$ nach (1), (2), (3) gleichmäßig das Intervall $[-\pi, \pi] + i\theta$ durchläuft. Also ist $\lambda = 1/\cos \theta$.

(b) Nach (2) und (3) ist $\mu(x(\varphi, \theta)) = \varphi + if(\theta)$ für eine monoton wachsende Funktion $f : (-\pi, \pi) \to \mathbb{R}$. Damit ist $\partial \mu/\partial \theta = if'(\theta)$ und andererseits $|\partial \mu/\partial \theta| = |d\mu.e_2| = 1/\cos \theta$ nach (a). Somit ist $f' = 1/\cos \theta$, und damit ist $f(\theta) = \int_0^\theta (1/\cos t)dt$.

---

[1] Figur aus Eschenburg-Jost [20], Kap. 5.

(c) Die Abbildung α ist aus konformen Abbildungen zusammengesetzt. Die innere Abbildung $z = s + it \mapsto e^{i\bar{z}} = e^t e^{is}$ bildet das xy-Koordinatensystem auf ein Polarkoordinatensystem ab: Die horizontale Koordinatenlinie $s \mapsto s + it$ wird auf den Kreis um 0 vom Radius e^t aufgewickelt, die vertikale $t \mapsto s + it$ auf den radialen Strahl $t \mapsto e^{is} e^t$, wobei der Abstand von 0 mit t monoton steigt und für $t \to -\infty$ den Wert null erreicht. Durch Φ werden die Kreise zu Breitenkreisen auf der Sphäre (insbesondere die Einheitskreislinie zum Äquator) und die radialen Strahlen zu Meridianen, die für $t \to \pm\infty$ gegen Nord- und Südpol streben. Die Umkehrabbildung von α hat daher die Eigenschaften (1), (2), (3). Wegen der Eindeutigkeitsaussage in (b) ist $\alpha^{-1} = \mu$.

41. (b) Die rechtwinkligen Dreiecke SOx' und NPS sowie NPS und NOx haben jeweils einen Winkel gemeinsam, sind also ähnlich. Insbesondere sind SOx' und NOx ähnlich, also folgt $x'/1 = 1/x$ und somit $x' = 1/x$ wie bei der Inversion am Einheitskreis.

42. (a) Die Gerade g durch P wird parametrisiert durch $g(t) = P + tv$ für einen Einheitsvektor v. Sie trifft den Kreis K im Punkt $g(t)$ genau dann, wenn $|g(t)|^2 = r^2$, also $|P|^2 + 2t\langle P, v\rangle + t^2 = r^2$ (man beachte $|v|^2 = 1$), mit anderen Worten, wenn t Lösung der quadratischen Gleichung

$$t^2 + 2\langle P, v\rangle t + |P|^2 - r^2 = 0$$

ist. Die Lösungen t_1, t_2 einer beliebigen quadratischen Gleichung $t^2 + at + b = 0$ erfüllen $t_1 + t_2 = -a$ und $t_1 t_2 = b$, was man durch Koeffizientenvergleich sieht: Für alle t gilt $t^2 + at + b = (t - t_1)(t - t_2) = t^2 - (t_1 + t_2)t + t_1 t_2$.[2] Sind also $A_1 = g(t_1)$ und $A_2 = g(t_2)$ die Schnittpunkte (wir setzen voraus, dass g den Kreis in zwei Punkten schneidet), so erhalten wir $t_1 t_2 = b = |P|^2 - r^2$. Da $|P - A_i| = |P - g(t_i)| = |t_i v| = |t_i|$, ist $|P - A_1||P - A_2| = |t_1 t_2| = ||P|^2 - r^2|$, und dieser Wert ist unabhängig von v und damit von der Geraden g.

(b) Die Endpunkte der beiden langen Stangen des Inverters seien S und T. Da 0, x und Fx jeweils gleich weit von S wie von T entfernt sind, liegen sie auf der Mittelsenkrechten der Strecke $[S, T]$, sind also kollinear. Wir können nun (a) anwenden mit $P = 0$, $A_1 = x$, $A_2 = Fx$. Allerdings müssen wir beachten, dass in (a) als Kreismittelpunkt der Ursprung 0 gewählt wurde; für einen beliebigen Mittelpunkt M lautet die Formel daher $|P - A_1||P - A_2| = ||P - M|^2 - r^2|$. In (b) erhalten wir daraus $|x||Fx| = |s^2 - r^2| = s^2 - r^2$. Der Inverter realisiert mechanisch die Inversion F an dem Kreis mit Zentrum 0 und Radius $R = \sqrt{s^2 - r^2}$.

---

[2]Entsprechendes gilt für jede Polynomgleichung $t^n + a_1 t^{n-1} + \ldots + a_n = 0$: Wenn $t_1, \ldots, t_n$ die Lösungen sind, so ist $t^n + a_1 t^{n-1} + \ldots + a_n = (t - t_1)(t - t_2) \ldots (t - t_n)$ $= t^n - (t_1 + \ldots + t_n)t^{n-1} + \ldots + (-1)^n t_1 t_2 \ldots t_n$ für *alle* t; durch Koeffizientenvergleich folgt also $a_1 = -\sum_i t_i$ und $a_2 = \sum_{i<j} t_i t_j$ usf. bis $a_n = (-1)^n t_1 t_2 \ldots t_n$. Diese Ausdrücke in $t_1, \ldots, t_n$ heißen die *elementarsymmetrischen Polynome*. Wenn wir die Lösungen $t_1, \ldots, t_n$ einer Gleichung gegeben haben, können wir also ganz leicht ihre Koeffizienten $a_1, \ldots, a_n$ berechnen. Die Algebra behandelt die Umkehraufgabe: aus den Koeffizienten die Lösungen zu finden.

43. Die Inversion F an einem Kreis mit Mittelpunkt A (ein Schnittpunkt von g und k)[3] überführt A nach ∞ und damit k in eine Gerade, während g auf sich reflektiert wird. Die Bilder von g und k bilden also zwei Geraden, die sich in $B' = F(B)$ rechtwinklig schneiden. Die Bilder von k_1 und k_2 sind Kreise, die diese beiden Geraden rechtwinklig schneiden; sie haben also den gemeinsamen Mittelpunkt B'. Nach dieser Transformation ist daher die Komposition der beiden Inversionen eine zentrische Streckung mit Zentrum B'. Die Rücktransformation, also die erneute Anwendung von F, wird B' auf einen Fixpunkt der Komposition der ursprünglichen Inversionen abbilden, nämlich auf $F(B') = B$, und die Geraden durch B' werden durch F auf die Kreise durch B und A transformiert; sie schneiden k_1 und k_2 senkrecht und bleiben invariant unter der Verkettung der Inversionen an k_1 und k_2.

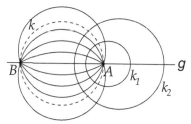

44. $4\pi = 2F + 2(\pi - \alpha + \pi - \beta + \pi - \gamma) \Rightarrow F = \alpha + \beta + \gamma - \pi$.

45. Es ist

$$DV(v, \tilde{w}, n_1, n_2) = DV(0, t, -1, 1) = \frac{-1-0}{-1-t} : \frac{1-0}{1-t} = \frac{1-t}{1+t}.$$

Weil $t = s/c$ mit $s := \sinh a = \frac{1}{2}(e^a - e^{-a})$ und $c := \cosh a = \frac{1}{2}(e^a + e^{-a})$, erhalten wir

$$\frac{1-t}{1+t} = \frac{c-s}{c+s} = e^{-a}/e^a = e^{-2a},$$

somit $\frac{1}{2}|\log DV(v, \tilde{w}, n_1, n_2)| = a =$ hyperbolischer Abstand.

---

[3] Die Existenz von k wird klar, wenn man zunächst einen der beiden Kreise k_1, k_2 (z. B. durch eine Inversion) in eine Gerade transformiert:

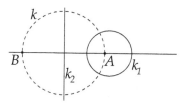

Literatur (kleine Auswahl)

Vorwiegend benutzte Literatur

1. Marcel Berger: Geometry I, II. Springer Universitext 1987
2. D. Hilbert, S. Cohn-Vossen: Anschauliche Geometrie. Springer 1932, 1996

Klassiker

3. H.M.S. Coxeter: Unvergängliche Geometrie. Birkhäuser/Springer 1981
4. B. Grünbaum, G.C. Shephard: Tilings and Pattern. Freeman 1987
5. R. Courant, H. Robbins: Was ist Mathematik? Springer 2001
6. Ebbinghaus et al.: Zahlen, Springer-Grundlehren, 1983

Historische Werke

7. Euklid: Die Elemente. Ostwalds Klassiker der exakten Wissenschaften Band 235, Verlag Harry Deutsch 1998
8. Albrecht Dürer: Underweysung der Messung mit dem Zirckel und Richtscheyt, in Linien, Ebenen unnd gantzen corporen, Nürnberg 1525 (elektronisch by wikisource)
9. David Hilbert: Grundlagen der Geometrie. Teubner 1968
10. Bell, E.T.: Men of Mathematics, Fireside 1937/1965, https://archive.org/details/in.ernet.dli.2015.59359/
11. C.J. Scriba, P. Schreiber: 5000 Jahre Geometrie. Springer 2001
12. J.-H. Eschenburg: Sternstunden der Mathematik. Springer Spektrum 2017

© Springer Fachmedien Wiesbaden GmbH, ein Teil von Springer Nature 2020
J.-H. Eschenburg, *Geometrie – Anschauung und Begriffe*,
https://doi.org/10.1007/978-3-658-28225-7

Geometrie und Kunst

13. D. Clévenot, G. Degeorge: Das Ornament in der Baukunst des Islam. Hirmer-Verlag München 2000
14. Martin Kemp: The Science of Art. Optical Themes in Western Art from Brunelleschi to Seurat. Yale University Press 1990
15. Emil Makovicky: Symmetry: Through the Eyes of Old Masters. De Gruyter 2016

Neuere Lehrbücher

16. I. Agricola, T. Friedrich: Elementargeometrie. Springer 2015
17. F. Berchtold: Geometrie. Springer Spektrum 2017
18. M. Koecher, A. Krieg: Ebene Geometrie. Springer 2007
19. H. Scheid, W. Schwarz: Elemente der Geometrie. Springer Spektrum 2017
20. J.-H. Eschenburg, J. Jost: Differentialgeometrie und Minimalflächen. Springer Spektrum 2014

Stichwortverzeichnis

Printed in the United States
By Bookmasters